P.S. Neharkar
Yogesh Matre
S. B Wagh

Despistagem e gestão do afídeo do cártamo

P.S. Neharkar
Yogesh Matre
S. B Wagh

Despistagem e gestão do afídeo do cártamo

Despistagem e gestão do afídeo do cártamo (Uroleucon compositae)

ScienciaScripts

Imprint

Cover image: www.ingimage.com

This book is a translation from the original published under ISBN 978-620-8-22274-1.

Publisher:
Sciencia Scripts
is a trademark of
Dodo Books Indian Ocean Ltd. and OmniScriptum S.R.L publishing group

120 High Road, East Finchley, London, N2 9ED, United Kingdom
Str. Armeneasca 28/1, office 1, Chisinau MD-2012, Republic of Moldova, Europe
Printed at: see last page
ISBN: 978-620-8-28686-6

Conteúdo

RECONHECIMENTO

*Se cada uma das minhas palavras fosse uma gota de água, veriam através delas e teriam um vislumbre do que sinto: **Gratidão e Reconhecimento**. Esta dissertação é o resultado de dois anos de trabalho em que fui acompanhada e apoiada por muitas pessoas. É com imenso prazer e orgulho que expresso o meu profundo sentimento de gratidão a todas elas*

*Tenho o privilégio de exprimir a minha mais profunda gratidão e enorme dívida para com o meu orientador de investigação e presidente, **Dr. P.S.Neharkar**, chefe do departamento de Entomologia, V.N.M.K.V., Parbhani, pelo seu interesse, orientação, inspiração constante, crítica construtiva e encorajamento ao longo do meu trabalho de investigação. Sem a sua insistência e persistência, este manuscrito não teria visto a luz do dia. Sinto-me extremamente honrado por ter tido a oportunidade de ouro de trabalhar sob a sua motivação perpétua, onde desenvolvi uma visão de como realizar um trabalho de investigação científica devido à sua abordagem metódica altamente técnica e crítica em relação ao trabalho.*

Dr. Indramani, Vice-Chanceler da V.N.M.K.V. Parbhani, ao respeitável Dr. D. N. Gokhale, Diretor de Instrução e Reitor da Faculdade de Agricultura, V.N.M.K. V. Parbhani e ao admirável Dr. Syed Ismail ADP, Faculdade de Agricultura, V.N.M.K. V. Parbhani, pela sua amável cooperação e pelo fornecimento de instalações e recursos durante o meu programa de pós-graduação.

Gostaria de deixar registados os meus sinceros agradecimentos aos membros do comité consultivo, Dr. S. D. Bantewad ADP, Faculdade de Agricultura de Ambejogai, Dr. S. B. Ghuge, responsável pelo AICRP sobre o cártamo, VNMKV, Parbhani, Dr. P. R. Zanwar, Professor Associado, VNMKV Parbhani, pelo seu encorajamento contínuo, apoio moral, supervisão amável e ajuda atempada durante o meu programa de mestrado.

Reconheço com gratidão a minha dívida e os meus sinceros agradecimentos ao Dr. S. S. Gosalwad, Professor Associado, e ao Dr. M. M Sonkamble, Professor Assistente, e ao Dr. S. S. Durgude, Parasitologista de insectos, Departamento de Entomologia Agrícola, VNMKV, Parbhani, pelos seus conselhos precisos, comentários úteis e cooperação ao longo desta investigação.

Obrigado é a pior palavra na amizade, mas aproveito esta oportunidade para manifestar a minha sincera e sentida gratidão aos meus superiores Vikas Manore, Shivprasad Hingmire, Sopan Lahe, Swagat sawant, Nitin Rathod, Shyam Tore, Rajesh Udawant e Purshottam Hingole. Tive mais sorte a este respeito e gostaria de registar o meu cordial sentimento de gratidão para com todos os meus mestres

Especialmente os meus amigos Chelan Patil, Siddarth Dhanwale, Viral Pawar, Vishal Daygude, Akshay Tense, Vijay Shinde, Shivam Bhuyar, Kmshna Nagargoje, Mahesh Patil, Rushlkesh Bhambhire, os meus colegas Mahadew Gadekar e Pawan Kawale, e merecem um agradecimento especial pelo seu grande apoio e palavras inspiradoras que me deram força para continuar a avançar com todo o meu potencial e, por último, gostaria de expressar o meu sincero apreço aos meus colegas de turma pelo seu apoio durante o trabalho de investigação.

Tenho o prazer de expressar a minha mais sincera gratidão pela ajuda prestada pelos meus amigos e pela minha adorável família de Entomologia Agrícola Akshay, Kiran, Kaustubh. manoj, Dipak, Yashodhar, Tejas, Aakansha, Neha, Amruta, Varsha, Vaishanavi, Divya, Anjali e Amulya pela melhor cooperação durante o trabalho de investigação e pelos membros que cooperaram durante todo o curso do meu estudo, bem como pela ajuda moral e material que me foi prestada por todos os meus amigos, cuja companhia pode ser limitada por palavras.

As palavras não são suficientes para expressar a minha gratidão, amor e afeto ilimitados aos meus pais Shri. Babasaheb Anna Wagh e Sau. Parvata Babasaheb Wagh, à minha irmã Joyti Bargaje, Pooja, Shrusthi, jiu e aos meus irmãos Pratik, Ayush e dipak. Eles fizeram parte da minha visão e ensinaram-me as coisas boas que importam na vida e cujas bênçãos contribuirão muito para moldar a minha carreira.

As minhas sinceras desculpas a todos aqueles que manifestaram a sua boa vontade e apoio moral durante o período das minhas experiências, cujos nomes não foram mencionados, mas que serão sempre acarinhados

Inadvertidamente, posso ter-me esquecido de mencionar os nomes das mãos invisíveis, cuja ajuda também lhes agradeço. Por último, mas não menos importante, os meus sinceros agradecimentos aos agricultores, soldados, cientistas, soldados da COVID-19 e assistentes sociais, que dedicaram toda a sua vida ao país.

Place: Parbhani
Date30/ 11 /2023

(Wagh S. B.)

RESUMO

A investigação sobre "**Rastreio e gestão do pulgão do cártamo *(Uroleucon compositae)***" foi realizada na quinta de investigação do Departamento de Entomologia Agrícola VNMKV. Parbhani durante o *rabi* 2022-23 com os seguintes objectivos:

1. Para selecionar os genótipos promissores de cártamo contra o afídeo *Uroleucon compositae* (Theobald)
2. Testar a bioeficácia dos insecticidas contra o pulgão do cártamo
3. Avaliar o comportamento de forrageamento dos polinizadores no cártamo (*Carthamus tinctorius L)*

Foi efectuado o rastreio de 14 genótipos dos acessos rastreados, tendo um deles registado uma população de pulgões de 71,33 pulgões/5 cm de galho com AII 0,80. Este genótipo SSF-17-04 foi classificado como altamente resistente ao pulgão do cártamo. Dez acessos de germoplasma registaram uma população de pulgões de 91,01-116,11 pulgões/5 cm no comprimento do rebento apical e AII variando de 1,46 a 1,73. Estes acessos viz., A-1, SAF-1335, GMU-1628, SAF-1224, SSF-714, SAF-1113, SAF-682, SSF-734, SSF-807 e SAF-13-40 foram classificados como genótipos resistentes aos afídeos do cártamo. Entre 14 acessos de germoplasma, dois acessos de germoplasma registaram uma população de pulgões de 128,49-135,92 pulgões/5 cm de galho com AII variando de 2,53 a 2,73. Estes acessos ANG 18-02 e SSF-1705 foram classificados como genótipos moderadamente resistentes ao pulgão do cártamo. O genótipo PBNH-194 foi classificado como genótipo altamente suscetível ao pulgão do cártamo. A população máxima de pulgões foi de 174,97 pulgões/5 cm de galho, com AII de 4,4. Entre os 14 genótipos, o genótipo SSF-1704 (82,77 cm) registou a maior altura de planta e o genótipo SAF-682 (44,49 cm) registou a menor altura de planta. Entre os 14 genótipos, o SAF-682 (70,51 g) teve o maior peso de 1000 sementes, seguido pelo SAF-1335 (69,37 g), SAF-734 (65,20 g). Estes genótipos foram encontrados a par uns dos outros. O menor peso de 1000 sementes foi observado em SSF-1705 (51.10 g). O rendimento médio de sementes (g/planta) varia de 1,62 gm a 7,0 gm. Entre os diferentes genótipos, o SSF-1704 (7,00 g/planta) teve o maior rendimento médio de sementes (g/planta). Entre os diferentes genótipos PBNH-194 (1,62 g/planta) teve a menor média de produção de sementes (g/planta).

O efeito global dos novos insecticidas na população de pulgões por cada 5 cm de comprimento apical do rebento por planta revelou que o tratamento com duas pulverizações foliares de espinetoram11.70 SC e duas pulverizações foliares de ciantraniliprole 10.26 OD foram considerados os tratamentos excelentes em relação aos restantes tratamentos e estavam ao mesmo nível. O tratamento de sementes com thiamethoxam 30 FS e uma pulverização foliar de spinetoram11.70 SC e o tratamento de sementes com thiamethoxam 30 FS e uma pulverização foliar de cyantraniliprole 10.26 OD foram os próximos melhores tratamentos por ordem de eficácia. Os tratamentos eficazes que se seguiram foram o tratamento de sementes com imidaclopride 48 FS e uma pulverização foliar de espinetorame 11,70 SC, o tratamento de sementes com imidaclopride 48 FS e uma pulverização foliar de ciantraniliprole

10,26 OD, a aplicação no solo de clotianidina 50 WDG e uma pulverização foliar de espinetorame 11,70 SC e a aplicação no solo de clotianidina 50 WDG e uma pulverização foliar de ciantraniliprole 10,26 OD, que foram iguais entre si, respetivamente. A população mais elevada de pulgões/5 cm de comprimento apical do rebento/planta foi registada num controlo não tratado.

A produção de sementes de cártamo variou em todas as parcelas de tratamento. Os tratamentos com duas pulverizações foliares de spinetoram11.70 SC e duas pulverizações foliares de cyantraniliprole 10.26 OD foram os tratamentos mais promissores que foram encontrados a par um do outro, respetivamente. Os próximos melhores tratamentos em ordem de eficácia foram o tratamento de sementes com tiametoxam 30 FS e uma pulverização foliar de espinetoram11.70 SC e o tratamento de sementes com tiametoxam 30 FS e uma pulverização foliar de ciantraniliprole 10.26 OD. A produção mínima de sementes foi registada num controlo não tratado.

Visitação de vários polinizadores em diferentes horas do dia no cártamo (abelhas/m2/2hrs). A intensidade de todas as espécies de abelhas aumenta gradualmente e atinge o seu pico entre as 10h00 e as 12h00, diminuindo depois lentamente. visitação de vários polinizadores na cultura do cártamo em diferentes períodos de floração (m2/min). A visitação de A. mellifera, A. florea, A indica, A. dorsata e Trigona spp. para polinização do cártamo foi mais elevada no primeiro dia após a floração.

(Palavra-chave - Cártamo, Genótipos, População, Abelhas, Rastreio)

CAPÍTULO - I

INTRODUÇÃO

CAPÍTULO I

INTRODUÇÃO

O cártamo (*Carthamus tinctorius* L.) é uma planta herbácea anual, arbustiva, que pertence à família das compositas. Na Índia, é também conhecida como *kardai* em marata e *kusum* em hindi. Carthamus tem 25 espécies, das quais *Carthamus tinctorius* é a única cultivada, com 2n = 24 cromossomas e um tipo de inflorescência composta, com cada planta a produzir várias cabeças floridas conhecidas como capitulos. Cada capitulo tem numerosas flores, em número que varia de 20 a 250. O ovário de cada flor amadurece num fruto com uma única semente, denominado aquénio, que é geralmente designado por semente. A cultura é sobretudo cultivada como oleaginosa comestível na estação *rabi*.

O cártamo é uma planta anual ou anual de inverno, herbácea, altamente ramificada, semelhante a um cardo, geralmente com muitos espinhos longos e afiados nas folhas. Após a emergência, a cultura mantém uma forma de roseta durante algumas semanas antes de se alongar rapidamente até à altura adulta. Os floretes são autopolinizadores, mas a produção de sementes pode ser aumentada pelas abelhas ou outros insectos. As plantas têm 30-150 cm de altura, com cabeças de flores globulares (capitula) e, geralmente, flores amarelas, cor de laranja ou vermelhas brilhantes. Em plantas de cártamo completamente desenvolvidas, com solo de profundidade adequada, as raízes axiais penetram 2-3 m, com numerosas raízes laterais horizontais finas. O sistema radicular profundo permite que a planta retire humidade e nutrientes de uma profundidade considerável, conferindo ao cártamo a capacidade de sobreviver em áreas com humidade superficial insignificante.

Um aquénio maduro de variedades comuns é constituído por 33-60% de casca e 4067% de amêndoa. O teor de óleo varia de 20 a 45% ou mais da semente inteira. A seleção para um elevado teor de óleo nas cultivares modernas reduziu a espessura do pericarpo. A massa da semente aumenta rapidamente durante os primeiros 15 dias após a floração. Na Califórnia, o teor de óleo aumentou 5 a 10 vezes durante os 10-15 dias após a floração (Hill e Knowles 1968).

O cártamo é uma cultura polivalente rica em vitamina A, ferro, fósforo e cálcio. O óleo de cártamo, vendido sob a designação de saffola, é considerado o óleo preferido devido à sua riqueza em ácidos gordos poli-insaturados (73-79% lenoleico), que ajudam a reduzir o nível de colesterol no sangue. Tradicionalmente, o cártamo era cultivado pelas suas flores, utilizadas para colorir e aromatizar alimentos e fazer corantes, especialmente antes da nilina mais barata
e em medicamentos. (Nimbkar 2002).

Na Índia, a produção de cártamo limita-se principalmente às condições de sequeiro durante o inverno, em especial na fase *rabi*. No ano de 2022-23, a Índia é o maior produtor mundial de cártamo (2,0 lakh toneladas), com a maior área cultivada (4,3 lakh hectares), mas com uma produtividade média de apenas 465 kg/ha (*Times Agriculture Journal* 2022). Embora a Índia seja o maior produtor mundial de cártamo, o rendimento por hectare é baixo. A infestação de pulgões é uma das principais razões para a diminuição da produtividade. O pulgão do cártamo, *Uroleucon compositae* Theobald (Aphididae: Hemiptera) é o inseto praga mais conhecido e prejudicial na Índia. Trata-se de um inseto de corpo mole com um comprimento de 1,5-2 mm. O adulto é preto, enquanto a ninfa é castanha escura avermelhada. Em Karnataka e Maharashtra, as perdas de rendimento causadas apenas pelo afídeo foram estimadas em 56-60% e 20-55%, respetivamente (Ghorpade *et al.* 1994).

Tanto as ninfas como os pulgões adultos sugam a seiva celular das folhas, caules e partes tenras da planta, incluindo o rebento, afectando a vitalidade e a saúde da cultura. Além disso, produzem um material semelhante a melada nas folhas, que provoca o desenvolvimento de bolor negro fuliginoso, afectando a fisiologia da planta e interferindo com a atividade fotossintética. Em caso de infestações graves, as plantas tornam-se amareladas e pretas, secam e produzem pouca ou nenhuma semente. Se a sementeira da cultura for atrasada por qualquer razão, o problema agrava-se ainda mais, resultando numa baixa produção de sementes. Na gestão do afídeo no terreno, a aplicação indiscriminada de pesticidas químicos atrai outras pragas e causa problemas como efeitos adversos em organismos não visados, resíduos e poluição ambiental. Tendo em conta as questões supramencionadas, a comunidade científica tem concentrado a sua atenção, nos últimos anos, na gestão ecológica das pragas, que inclui a utilização de genótipos moderadamente resistentes e resistentes, a utilização de novos insecticidas, mico-insecticidas, produtos botânicos, bioagentes e outros métodos para atenuar esta praga notória.

Um total de 101 pragas foram identificadas como atacando o cártamo em várias fases de crescimento e desenvolvimento (Singh *et al.* 1996). No entanto, é prejudicado por uma variedade de pragas de insectos e doenças, resultando em perdas significativas de rendimento (Singh *et al.,* 1999). Destas, as pragas de insectos *viz.*, pulgão (*Uroleucon compositae),* broca da vagem (*Helicoverpa armigera*) e doenças *viz.*, murchidão (*Fusarium oxysporum)*, mancha foliar *(Alternaria carthami),* podridão radicular (*Rhizoctonia bataticola Butl.)* são as mais prejudiciais (Akashe *et al.,* 2013). No entanto, (Basavanagoud 1979) registou 75 espécies de insectos na Índia, enquanto Parlekar (1987) identificou 36 espécies de insectos no cártamo no estado de Maharashtra. Em Karnataka, foram identificados 20 insectos pragas e 9 inimigos naturais no cártamo (Mallapur *et al.* 1997). Entre as pragas de insectos que atacam a cultura do cártamo, o pulgão, *Uroleucon compositae* (Aphididae: Hemiptera) é a praga mais destrutiva e frequente, infestando a cultura particularmente desde a fase de alongamento até à fase de floração (Akashe *et al*., 1995). Foram registadas em todo o país perdas de sementes e de teor de óleo devidas a esta praga que variam entre 20% e 80% (Singh *et al.*1999).

A floração inicia-se no capitulo primário, depois no capitulo secundário e assim sucessivamente. Dentro de um capítulo, a floração começa no círculo exterior de floretes e desenvolve-se centripetamente em direção ao centro do capítulo ao longo de vários dias, até uma semana. A fase de floração total pode durar 4 semanas ou mais, sendo muito influenciada pelo ambiente de crescimento. Os tons de laranja, amarelo e vermelho são mais comuns no início da floração, mas as cores pós-floração são mais escuras. As flores brancas ocorrem raramente. A polinização ocorre quando o estilete e o estigma crescem através da outra coluna circundante na base da corola. Um estigma alongado, não polinizado, pode permanecer recetivo durante vários dias. As abelhas, os zangões e outros insectos procuram as flores de cártamo para obter pólen e néctar e podem aumentar os níveis de cruzamento.

O forrageamento pode ser definido como a procura e a aquisição de alimentos. Os dados sobre a capacidade de forrageamento e o comportamento de forrageamento são, por conseguinte, necessários para a compreensão da dinâmica das populações e da estrutura das comunidades de abelhas melíferas, bem como para o desenvolvimento de estratégias de conservação. O comportamento de forrageamento dos insectos sociais é especialmente interessante porque os indivíduos não podem forragear para satisfazer as suas próprias necessidades nutricionais, mas sim para satisfazer as necessidades da colónia. O trabalho de forrageamento também se divide de tal forma que alguns indivíduos forrageiam néctar, outros forrageiam pólen, outros carregam ambos e menos carregam água.

O pulgão do cártamo, *Uroleucon compositae* (Theobald) é a principal praga que causa perdas de rendimento na ordem dos 30 a 78% se não for gerido corretamente. A utilização de variedades resistentes é um dos componentes importantes da gestão integrada de pragas no cártamo, uma vez que a cultura é maioritariamente cultivada em condições de recursos pobres. O cultivo de cultivares resistentes de cártamo oferece um método alternativo melhor que reduz o custo da proteção das plantas e também é mais seguro para o ambiente. Não foram identificadas muitas fontes de resistência aos afídeos a partir de uma grande coleção de germoplasmas de cártamo disponíveis. A resistência das plantas hospedeiras é uma tática económica, eficaz e amiga do ambiente para controlar as pragas de insectos. Isto não só leva à redução da utilização de pesticidas e retarda o desenvolvimento da resistência dos insectos aos insecticidas, como também aumenta a atividade dos organismos benéficos (Sharma e Ortiz, 2002). Cada variedade tem algumas caraterísticas distintivas que as tornam menos vulneráveis a pragas e doenças causadas por insectos. A densidade dos pêlos ou tricomas nas folhas desempenha um papel importante no mecanismo de defesa das plantas contra as pragas de insectos. Uma variedade resistente pode constituir uma base para um sistema de controlo integrado contra as pragas de insectos. A utilização de variedades resistentes ou menos susceptíveis abriga geralmente menos pragas de insectos, pelo que podem ser geridas facilmente. Por conseguinte, é muito importante identificar fontes de germoplasma de cártamo resistentes aos afídeos, que serão utilizadas no programa de melhoramento para desenvolver variedades resistentes. Por conseguinte, a presente investigação tem por objetivo identificar fontes de resistência em germoplasmas de cártamo.

A classe de insecticidas como os neonicotinóides, os piretróides e o sulfoxaflor afectam negativamente o crescimento e o desenvolvimento das abelhas. O pulgão do cártamo pode ser controlado por diferentes insecticidas recomendados por muitos trabalhadores. Mas a aplicação indiscriminada e frequente de insecticidas criou o desenvolvimento de resistência na praga-alvo, a presença de resíduos de pesticidas nas sementes e no óleo, a destruição de inimigos naturais e de diferentes polinizadores. É, por conseguinte, necessário avaliar a eficácia de diferentes insecticidas para o tratamento de sementes, bem como a aplicação foliar de insecticidas, a fim de descobrir os insecticidas nocivos para os afídeos e mais seguros para os inimigos naturais e os polinizadores, especialmente as abelhas. Assim, tendo em conta os factos acima referidos, o presente estudo foi realizado com os seguintes objectivos

Objectivos:

1. Para selecionar os genótipos promissores de cártamo contra o afídeo *Uroleucon compositae* (Theobald)

2. Testar a bioeficácia dos insecticidas contra o pulgão do cártamo

3. Avaliar o comportamento de forrageamento dos polinizadores no cártamo (*Carthamus tinctorius L)*

CAPÍTULO - II

REVISÃO DA LITERATURA

CAPÍTULO II

REVISÃO DA LITERATURA

A literatura relativa ao rastreio dos genótipos promissores de cártamo contra o afídeo, ao teste da bioeficácia dos insecticidas contra o afídeo do cártamo (*uroleucon compositae)* e à avaliação do comportamento de forrageamento dos polinizadores no cártamo foi analisada nos seguintes pontos.

2.1 Selecionar os genótipos promissores de cártamo contra o afídeo *Uroleucon compositae* (Theobald)

Basavangaud *et al.* (1980) observaram que a variedade CTS-705, com espinhos pesados, era extremamente suscetível aos afídeos, enquanto a variedade CTS-7403, com menos espinhos, era a menos suscetível aos afídeos do cártamo.

Parlekar (1987) avaliou que alguns genótipos de cártamo, como o NS-484, demonstraram ter um grau razoável de resistência ao pulgão do cártamo. Por outro lado, as variedades Bhima e A-1 apresentaram maior resistência.

Akashe *et al.* (1993) estudaram que as variedades de cártamo resistentes a afídeos com melhor rendimento de sementes foram utilizadas num programa de melhoramento para o desenvolvimento de cultivares de alto rendimento resistentes a afídeos.

Balakrishanan e Dathkhile (1994) revelaram que as colecções de germoplasma de cártamo apresentavam caraterísticas morfológicas e associações com a resposta à infestação de afídeos. Em comparação com as variedades de tipo comprimido e ereto, as plantas de tipo arbustivo e cónico foram consideradas mais tolerantes aos afídeos. Além disso, as plantas com um número elevado ou intermédio de espinhos mais compridos nas folhas superiores do caule e nas brácteas involucrais exteriores (OIB) revelaram uma melhor tolerância aos afídeos do que as que não têm espinhos; por outro lado, os tipos de plantas com folhas normais e coriáceas são menos susceptíveis do que as que têm folhas superiores carnudas.

Ghorpade *et al.* (1994) estudaram 15 genótipos de cártamo durante 1988-91 quanto à sua reação a *Uroleucon compositae* e potencial de rendimento sob sementeira tardia. A resistência aos afídeos mostrou-se mais elevada em cinco genótipos com elevado rendimento (JSLF-190, JSLF-195, JSLF-223 e JSLF-269) com base na população de afídeos, na extensão da secagem da folhagem, no rendimento das sementes e noutras caraterísticas das plantas. Estes genótipos possuíam folhas espinhosas e ramos finos e lenhosos.

Akshae *et al.* (1997) efectuaram uma experiência com 9 potenciais linhas de germoplasma de cártamo em condições de campo e de gaiola e, com base na população de afídeos, nos graus de secagem da folhagem, na produção de sementes e nas caraterísticas morfológicas de seis entradas, nomeadamente SSF-268, GMU-3644, 3955, 4480, 4484 e JLSF-332, foram tolerantes aos afídeos e aconselharam a sua utilização em programas de melhoramento.

Balikai (2000) avaliou vinte e seis entradas prometedoras de cártamo para resistência a afídeos e identificou sete entradas que são P1-245, F-11, 199932, PI-306934, PI-306983, PI-77 e N-1536 que mostraram uma elevada tolerância a afídeos, no entanto PI-35 e as restantes entradas não o fizeram. A categoria tolerante incluiu JSF-88, SSF-3, SSF- 40, SSF-17 e SSF-31, bem como onze entradas que são NO-16, PI-193475, B-69, Bhima, MLY-652, JLSF-93, NS-1021, JSI-7, Bhima, A-1 e GMU- 83 foram categorizadas como moderadamente tolerantes.

Balikai *et al.* (2001) testaram 332 genótipos de cártamo, incluindo três inspecções de pulgões. Apenas duas entradas, HUS- 568 e 945, foram consideradas muito tolerantes, com um grau de secagem foliar de pulgão de um, enquanto 48 entradas tiveram um grau de secagem foliar de dois, sugerindo a sua tolerância ao pulgão.

Mane *et al.* (2001) estudaram uma experiência durante a época de *rabi* de 1998-99 em Parbhani, Maharashtra, Índia, para selecionar a resistência de vinte cultivares de cártamo aos pulgões e referiram que a cultivar LATS -2, resistente aos pulgões, apresentava a menor população de pulgões por folha e a menor percentagem de secagem das folhas em comparação com o genótipo suscetível.

Neharkar *et al.* (2003) analisaram a resistência de 21 genótipos de cártamo ao afídeo e verificaram que 5 genótipos, nomeadamente LATS-2, GMU-4609, GMU-1251, GMU-4625 e GMU-7191, e o controlo A-1 também apresentaram uma reação resistente, enquanto a cultivar CO -1 apresentou uma reação altamente suscetível contra o afídeo *(Uroleucon composite)* e os restantes 14 genótipos apresentaram uma reação moderadamente resistente ao afídeo.

Hanumantharay *et al.* (2007) realizaram uma experiência para avaliar a resistência varietal do cártamo aos pulgões do cártamo e Phulekusuma e A-1 foram identificadas como variedades resistentes. A NARI-H-15 e a Bhima são ambas resistentes ao pulgão do cártamo e podem ser utilizadas como componente importante na proteção integrada do cártamo.

Singh (2008) analisou 2000 germoplasmas de cártamo com base no grau 1 a 5 de secagem da folhagem e referiu que, de 2000 acessos de germoplasma de cártamo, 18 genótipos registaram uma secagem da folhagem de 0-15% com uma população de pulgões de 11-34 pulgões/5cm no ramo central/planta e foram classificados como altamente tolerantes aos pulgões, enquanto os restantes seis germoplasmas, nomeadamente GMU n.º 2897, 2933, 3927, 3828, 2596 e 3923, apresentaram uma secagem da folhagem de 15% com 29-34 pulgões/planta. 2897, 2933, 3927, 3828, 2596 e 3923 apresentaram 15 % de secagem da folhagem com 29-34 pulgões/planta.

Murumkar *et al.* (2009) investigaram várias fontes de resistência contra as principais doenças e pragas do cártamo. A fusariose infecta as plantas desde a fase de plântula até à floração e pode causar perdas de rendimento até 100% em casos graves.

Mane *et al.* (2012) realizaram uma experiência na Unidade de Investigação de Sementes Oleaginosas, Dr. Panjabrao Deshmukh Krishi Vidyapeeth, Akola e descobriram que, com base no índice de infestação de pulgões. A entrada CO-1 revelou um elevado nível de suscetibilidade, com 86 pulgões/5 cm detectados.

Akashe *et al.* (2014) avaliaram o genótipo do cártamo relativamente a numerosas resistências a doenças e insectos. Encontraram uma população mais baixa de pulgões em apenas 2 genótipos, nomeadamente GMU4854 (122,5 pulgões/5 cm de galho e GMU-4669 (127,5 pulgões/5 cm de galho, em comparação com o controlo tolerante A-1 (135 pulgões 5/cm de galho) e outros genótipos.

Guljar e Jirair (2015) estudaram o rastreio de acessos de germoplasma de cártamo para resistência contra o pulgão do cártamo (*Uroleucon compositae)* Theobald. A infestação de pulgões começou na primeira semana de janeiro e atingiu o seu pico nas últimas semanas de janeiro, continuando até à primeira semana de março. Na forte infestação de pulgões que prevaleceu, foi de facto muito interessante notar que, de 80 acessos de germoplasma de cártamo analisados, onze acessos registaram uma secagem da folhagem de 21 a 35%, com uma população de pulgões de 41 a 70 pulgões/5 cm no ramo central/planta e um I.I.A. que variou de 1,1 a 2,0. A partir dos resultados, verificou-se que onze acessos registaram uma secagem foliar de 21-35%, com uma população de pulgões de 41-70 pulgões/5 cm no galho central/planta e um I.I.A. que varia entre 1,1 e 2,0. Estes acessos foram classificados como genótipos tolerantes aos afídeos do cártamo. O controlo nacional resistente (A-1) registou 23% de secagem da folhagem com uma população de pulgões de 45 pulgões/5 cm no ramo central/planta e uma produção de sementes de 3,2 g/planta e o controlo suscetível NARI-6 registou 90% de secagem da folhagem, uma população de pulgões de 120 pulgões/5 cm no ramo central/planta e uma produção de sementes nula.

Gulijar e Jirair (2016) verificaram que a cultivar NARI-6 foi incluída como controlo suscetível e a A-1 como controlo resistente. Dos 80 acessos de germoplasma de cártamo, verificou-se que 11 acessos apresentavam uma secagem da folhagem de 21-35% e uma população de pulgões de 41-70 pulgões /5cm no ramo central/planta, com um intervalo global de 1,12,0. Estes acessos foram classificados como genótipos tolerantes ao pulgão do cártamo. O galho central/planta do controlo de resistência (A-1) teve uma população de pulgões de 45 pulgões/5cm e 3,2g/planta de rendimento de sementes, enquanto o galho central/planta do controlo suscetível (NARI-6) teve uma população de pulgões de 120.

Mutkule *et al.* (2018) estudaram a avaliação de genótipos de cártamo quanto à sua reação ao pulgão do cártamo *Uroleucon compositae.* O estudo foi feito para avaliar 16 germoplasmas de cártamo quanto à sua resistência contra pulgões de cártamo com base no índice de infestação de pulgões (A.I.I). A cultivar CO-1 foi incluída como controlo de infestação suscetível e a A-1 como controlo de resistência. Verificou-se que, de 15 linhas de germoplasma de cártamo, dois germoplasmas SF-1506, SAF-13-40 e Bhima foram considerados resistentes, ao passo que seis acessos apresentaram uma reação suscetível, enquanto os restantes genótipos de cártamo foram considerados altamente susceptíveis.

Patil *et al.* (2019) estudaram a identificação da fonte de resistência contra pulgões em cártamo. Eles notaram que dez acessos de germoplasma *viz.* GMU-671, GMU- 599, GMU-3256, GMU- 5133, GMU-5848, GMU- 7868, GMU- 7869, GMU- 7870, GMU- 7885, GMU-7917 foram considerados moderadamente resistentes ao pulgão, *uroleucon compositae* .

Panathula *et al.* (2019) avaliaram 50 germoplasmas de cártamo contra o pulgão. Entre estas sete variedades *viz.* SSF-748, BHIMA, A-1, SSF-708, PBNS-12, SSF-733 e MANJIRA foram consideradas moderadamente resistentes ao pulgão com uma média de A Π variando de 2,3 a 3,0.

Saeidi (2020) estudou a resistência das plantas ao pulgão do cártamo, em genótipos de cártamo. A identificação de resistência antixenótica em vários genótipos proporciona uma opção adicional para a

gestão do pulgão do cártamo. Além disso, os factores associados a este modo de resistência podem ser eficazmente utilizados numa gestão integrada de pragas do pulgão do cártamo *uroleucon compositae.*
More *et al.* (2022) estudaram vinte genótipos de cártamo para determinar o efeito do pulgão do cártamo nos parâmetros biométricos. Entre estes diferentes genótipos, o PBNS-184 (3,90 q /ha) registou o rendimento biológico mais elevado e a altura da planta mais elevada no PBNS-86.

2.2 Testar a bioeficácia dos insecticidas contra o pulgão do cártamo

Parlekar (1997) estudou que todos os tratamentos insecticidas foram significativamente superiores à pulverização com água e à testemunha não tratada na redução da população de afídeos. Todos os tratamentos insecticidas variaram a população de pulgões entre 17,06 e 23,16 pulgões/peruca, contra 126,6 e 161,56 pulgões/peruca na pulverização com água e na testemunha não tratada, respetivamente. Todos os insecticidas deram rendimentos significativamente mais elevados do que a pulverização com água e a testemunha não tratada e proporcionaram um rendimento de sementes na ordem dos 1267 a 1385 kg/ha. Todos os tratamentos insecticidas foram iguais entre si no que diz respeito à produção de sementes. No entanto, o tratamento com 0,03 por cento de dimetoato e 0,02 por cento de fosfamidon foi considerado relativamente melhor, uma vez que estes tratamentos deram mais rendimentos do que outros tratamentos insecticidas (1356 e 1320 kg/ha), respetivamente. No que respeita à economia dos tratamentos insecticidas, observou-se que a relação custo-benefício mais elevada foi obtida no tratamento com dimetoato (12,32), seguido do endossulfão (10,39). A relação custo-benefício dos tratamentos com metilparatião, quinalfos, fosfamidão e monocrotofos foi de 9,55, 9,10, 9,83 e 9,34, respetivamente.

Mallapur *et al.* (2001) revelaram que o monocrotofos e o dimetoato se revelaram mais eficazes contra os afídeos do cártamo.

Jeevan kamal (2002) revelou que todos os tratamentos insecticidas eram significativamente superiores à potência não tratada. Os tratamentos com 0,002 por cento de tiametoxame, 0,001 por cento de tiametoxame e 0,05 por cento de dimetoato apresentaram um número substancialmente menor de pulgões em comparação com todos os outros tratamentos e foram iguais entre si. Concluiu-se também que os rendimentos do cártamo em vários tratamentos variaram de 6,73 a 15,67q / ha. O maior rendimento (15,67q / ha) foi com 0,002 por cento de tiametoxam, mas foi 0,001 por cento de tiametoxam (15,34q / ha) e 0,05 por cento de dimetoato (15,21q / ha) na mesma quantidade. Segue-se o melhor lucro líquido em cobertura total com 0,05 por cento de dimetoato sozinho e 5 por cento de NSKE.

Akashe *et al.* (2009) referiram que 0,005 por cento de tiametoxame e 0,004 por cento de acetamipride foram os que melhor se mostraram entre oito tratamentos químicos, registando uma redução máxima de por cento na população de afídeos e dando o maior rendimento de sementes de 1087 kg/ha e 952 kg/ha, respetivamente. Para o tiametoxame (1,89), a relação B: C foi a mais alta, seguida pelo acetamipride (1,62), dimetoato (1,52) e imidaclopride (1,46). Portanto, duas pulverizações de 0,005 por cento de tiametoxam (Actra) 25 WG ou 0,004 por cento de acetamipride ou uma pulverização de cada alternadamente primeiro na ETL, *ou seja,* para obter um controlo bem-sucedido e eficiente do pulgão do cártamo e para produzir maiores rendimentos de sementes DAS 40-45 (46th MW, mi min. temp. abaixo de 20 C). O rendimento médio de sementes variou de 265 a 1224 kg / ha para o cártamo. Todas as terapias produziram resultados dramaticamente maiores do que a potência total. O tiametoxame e o acetamipride produziram rendimentos de sementes significativamente mais elevados de 1224 kg / ha e 1035 kg / ha em relação aos restantes tratamentos, respetivamente, seguidos do dimetoato (866 kg / ha) e do imidaclopride (836 kg / ha) e ficaram a par entre si. No entanto, devido à escassez de chuvas durante a época de crescimento da cultura, o nível de rendimento de 2004-05 foi inferior ao de três anos mais tarde. A economia do tratamento mostrou que o tratamento com 0,005 por cento de tiametoxam teve a maior relação B: C mais elevado, de 2,28, seguido de 0,004 por cento de acetamipride (1,86), 0,03 por cento de dimetoato (1,82) e 0,0045 por cento de imidaclopride (1,69).

Shirale dattatray (2010) afirmou que o tiametoxame (2,40) foi o tratamento com menor ocorrência de afídeos/5 cm de comprimento de rebento. O tratamento seguinte foi o acetamipride (2,97), o imidaclopride (3,53), o dimetoato (4,23), o acefato (12,67), o fipronil (13,90) e o difenthuron (15,73), por ordem de mérito. A testemunha não tratada registou a maior incidência de afídeos (61,8).

Gore *et al.* (2010) revelaram que, três dias após a pulverização, a população de pulgões mais baixa (0,83) foi registada no tiametoxame, seguida do acetamipride (1,3) e do imidaclopride (1,73), que estavam ao mesmo nível. Sete dias após a pulverização, a população de afídeos foi mais baixa no tiametoxame (7,93), seguido do acetamipride (8,93) e do imidaclopride (10,77). Catorze dias após a pulverização, o número médio de afídeos aumentou em todos os tratamentos, em comparação com um, três e sete dias após a pulverização. No entanto, o tiametoxame registou uma população de pulgões significativamente mais baixa, de 25,26 / 5 cm de comprimento de rebento.

Jemimah *et al.* (2013) relataram que, quando comparada com a regulação, foi observada uma redução substancial na população de pulgões um dia após a pulverização. O imidaclopride, o acetamipride, o tiametoxame e o profenofos observaram, um dia e três dias após a pulverização, uma redução de cem por cento na população de pulgões em comparação com a regulação, seguidos do espiromesifeno e do benzoato de emamectina. A pulverização com tiametoxame continuou a produzir resultados excecionalmente bons sete dias após a aplicação do inseticida, com uma redução de 97,4%, seguida do acetamipride (96,5%), do profenofos (91,7%) e do imidaclopride (85,2%), ao mesmo nível.

Gaikwad *et al.* (2014) relataram que o dimetoato (0,03%) e o imidaclopride (0,004%) foram mais eficazes contra os pulgões do cártamo; no entanto, o tiometoxame (0,005%), seguido pelo acetamipride (0,004%), profenofos (0,05%) e acefato (0,03%) também foram eficazes contra os pulgões do cártamo. A maior produção de cártamo foi observada em parcelas tratadas com dimetoato (0,03%); mas a relação custo-benefício incremental máxima foi registada para o imidaclopride (0,004%) seguido do dimetoato (0,03%).

Vaani *et al.* (2016) todos os tratamentos registaram reduções substanciais de pulgões em relação à população de controlo não tratada. Entre os tratamentos, a menor população de pulgões (14,74 e 12,13 pulgões/5 cm de galho apical) foi relatada um dia após a pulverização de acetamiprid 20 SP. Após o terceiro dia da primeira pulverização, o flonicamid 50 WG @

0,1g / L e dinotefurão 20 SG @ 0,25g / litro, a ocorrência do pulgão foi completamente eliminada. Além disso, em comparação com o acetamipride 20 SP, o tiametoxame 25 WG e o imidaclopride 17,8 por cento SL foram igualmente bem sucedidos.

Kumbhar *et al.* (2018) em parcelas tratadas com imidaclopride, 17,8 por cento SL @ 0,035 por cento, seguiram a análise de custo incremental: relação benefício (ICBR) dos tratamentos com pesticidas de feijão-caupi indicados por pimetrizina 50 por cento WG @ 0,03 por cento, tiametoxam 25 por cento WG @ 0,005 por cento e dimetoato 30 por cento EC @ 0,0386 por cento, a menor população média de pulgões foi registrada.

Patil *et al.* (2018) estudaram que a parcela tratada com imidaclopride relatou o maior rendimento médio de forragem verde (10,47 t / ha) seguido por dimetoato (9,73t / ha), tiametoxam (9,55 t / ha) e acetamiprida (9,55 t / ha). Outras terapias relataram um rendimento médio de (8,81 t / ha) diafentiurão, (8,26 t / ha), espiromesifeno (8,17 t / ha) clorfenapir (7,52 t / ha) e controlo não tratado para forragem. O acetamipride (1:1,59), seguido do dimetoato (1:1,48) e do imidaclopride (1:1,41), registou a relação custo/benefício mais elevada. As outras terapias registaram um rendimento médio de 8,81 t/ha (diafentiurão), 8,26 t/ha (espiromesifena), 8,17 t/ha (clorfenapir) e 7,52 t/ha (controlo não tratado) para a forragem. O acetamipride (1:1,59), seguido do dimetoato (1:1,48) e do imidaclopride (1:1,41), registou a relação custo/benefício mais elevada. O segundo melhor rácio foi demonstrado pelo tiametoxame (1:1,33). Por outro lado, os rácios ICBR para o diafentiurão, o clorfenapir e a espiromesifena foram de 1:1,17, 1:1,15 e 1:1,14, respetivamente.

Gurunath e Balikai (2018) realizaram a experiência de campo durante a *rabi* 201516 na Estação de Investigação Agrícola, Annigeri (Karnataka) para a gestão do pulgão do cártamo através do tratamento de sementes com insecticidas, revelando que as sementes tratadas com imidaclopride 70 WS @ 5 g kg-1 sementes, imidaclopride 600 FS @ 5 ml kg-1 sementes e acetamipride 20 SP @ 5 g kg-1 sementes registaram uma população de pulgões significativamente mais baixa (28.04, 32,07 e 33,43 pulgões 5 cm apical twig-1, respetivamente), que foram superiores aos outros tratamentos de sementes e registaram um maior rendimento de sementes de 9,67, 9,38 e 9,16 q ha- 1, respetivamente. Os próximos melhores tratamentos foram as sementes tratadas com thiamethoxam 70 WS @ 5 g kg-1 sementes e fipronil 5 SC @ 5 ml kg-1 sementes que registaram uma população de pulgões de 35,70 e 35,08 pulgões 5 cm apical twig-1, respetivamente, com rendimento de sementes de 8,52 e 7,96 q ha-1, respetivamente, que foram superiores ao controlo não tratado. Da mesma forma, imidacloprid 70 WS @ 5 g kg-1 registrou a maior relação B:C (1:1,95) seguido por imidacloprid 600 FS @ 5 ml kg-1 (1:1,89) e acetamiprid 20 SP @ 5 g kg-1 (1:1,85) que provou ser bom no manejo do pulgão.

Gangurde *et al.* (2022) estudaram o número médio global mínimo da população de pulgões/5 cm de comprimento do rebento apical/planta foi registado no tratamento com duas pulverizações foliares de espinetorame 11,70 SC @ 420 ml /ha (9,93 pulgões/5 cm de comprimento do rebento apical/planta).

2.3 Avaliar o comportamento de forrageamento dos polinizadores no cártamo *(Carthamus tinctorius L.)*

Boch *et al.* (1961) referem que as abelhas visitam o cártamo para obter néctar e pólen. Cerca de 90 %

das abelhas observadas visitavam a cultura de manhã. O néctar continha cerca de 25 % de açúcar. As abelhas melíferas eram de longe os visitantes predominantes, embora outras abelhas também visitassem as flores.

Dhaliwal e Sharma (1974) afirmaram que a abelha *Apis cerana indica* foi treinada para visitar pratos contendo xarope de açúcar perfumado em locais que implicavam subir ou descer encostas com diferentes declives. Verificou-se que praticamente todas as abelhas forrageadoras recolhiam xarope até cerca de 650 m de distância da colmeia em declives suaves (inferiores a 10 graus) e até 250-300 m em declives acentuados (superiores a 20 graus). Considerando 75% do total de forrageadoras como a principal força de forrageamento de uma colónia, o alcance económico de forrageamento foi estimado em não mais de 800 m em declives suaves num terreno montanhoso sob as condições temperadas e climáticas dos Himalaias ocidentais, e cerca de metade desta distância nos declives íngremes. A distância máxima registada para uma única forrageadora foi de 1423 m ao longo de uma encosta suave e de 809 m ao longo de uma encosta íngreme.

McGregor (1976) afirmou que as flores de mostarda são muito atractivas para as abelhas.

Panchabhavi e Jairao (1978) registaram uma atividade máxima dos insectos quando o niger foi cultivado como cultura intercalar com girassol e também referiram que a atividade dos insectos era máxima durante a manhã, entre as 09:00 e as 09:30 horas.

Kakar (1981) observou a atividade de forrageamento das abelhas na couve-flor às 08h00 e foi mais elevada entre as 1200 e as 1400 horas do dia. *Apis dorsata* forrageou mais rapidamente visitando uma média de 9,95 flores por minuto, seguida de 8,05 e 7,60 por *A. mellifera* e *A. cerana*, respetivamente.

Williams *et al.* (1981) referem que as abelhas respondem muito positivamente à fonte de odor de nasonov devido à presença de "feromonas de pegadas". Assim, a feromona nasonov sintética revelar-se-ia altamente eficaz na atração de abelhas para as culturas que necessitam de polinização.

Baswana (1982) referiu que *A. florea* e *A. dorsata* eram os principais visitantes do ecossistema dos coentros e do funcho e que o seu pico de atividade se verificava entre as 1100 e as 1400 horas, o que estava sincronizado com o pico da antese.

Gupta *et al.* (1984) relataram que as forrageadoras de néctar de *A. cerana* indica visitaram 17,5 e 25,0 flores por minuto de manhã e à tarde, enquanto que *A. mellifera* visitou 25,8 e 33,6 flores por minuto durante as mesmas horas em couve-flor.

Sinha e Chakrabarti (1985) observaram que a intensidade de *Apis florea* era máxima durante as faixas de temperatura entre 21,12 e 24,7°C.

Patel (1988) relatou que a polinização aberta na cultura do niger e a polinização por abelhas aumentaram o número de sementes cheias de 28,15 para 42,9 e de 41,5 para 66,5 por cento em relação à polinização sem insectos.

Panda *et al.* *(*1989) estudaram a polinização por insectos em algumas culturas oleaginosas, *nomeadamente* mostarda, niger, sésamo, girassol e cártamo, em Orissa. As abelhas melíferas eram *Apis dorsata, A. florea* e *A. cerana,* juntamente com várias espécies de abelhas selvagens. A produção de sementes em parcelas de mostarda e de sésamo, enjauladas com *A. cerana*, foi, respetivamente, 11 e quase 2 vezes superior à das parcelas enjauladas para excluir os insectos; nas parcelas de niger, a presença de abelhas fez pouca diferença na produção, embora as abelhas tenham aumentado as sementes.

Panda *et al.* (1991) estudaram o comportamento de forrageamento de abelhas melíferas (*Apis dorsata F., Apis florae F. e Apis cerana indica F.*) em girassol semeado em datas diferentes em Bhubaneswar. Entre as três espécies, *A. cerana indica* foi a principal forrageadora. Verificou-se que *A. dorsata e A. cerana indica* eram mais activas durante a manhã, enquanto *A. florea* era mais ativa durante a tarde. Verificou-se também que *A. florea* chega às flores mais tarde do que as outras duas espécies. As visitas máximas de *A. dorsata* e *A. indica* foram observadas de 16 a 23 de janeiro de 1988 (temperatura média de 23^0 C), enquanto que as visitas máximas de *A. florea* foram observadas de 14 a 21 de dezembro de 1987, a uma temperatura média de 25^0 C.

Henning *et al.* (1992) revelaram que os voláteis específicos da luzerna afectam o comportamento de forrageamento das abelhas e são provavelmente importantes para a polinização. Entre os cinco voláteis de luzerna percebidos pela antena, apenas o linalol pareceu ser atraente para as abelhas.

Uma e Verma (1994) observaram um pico de forrageamento entre as 1100 e as 1400 horas no caso de *A. cerana* em flores de rabanete.

Verma e Phogat (1994) relataram que a atividade de forrageamento de *A. florea* foi encontrada no rabanete de manhã à noite. O pico de atividade de forrageamento de *Apis florea* foi observado entre as 08.00 e as 10.00 horas.

Kumar *et al.* (1994) relataram que as abelhas melíferas eram os polinizadores mais abundantes, constituindo 97,00 por cento de todos os insectos visitantes. *A. mellifera* foi o polinizador mais importante (38,0 por cento) seguido por *A. dorsata* (35,2 por cento). O forrageamento das abelhas foi observado das 06:00 às 18:00 horas, com pico das 09:00 às 11:00 horas.

Prakash (2002) relatou que a atividade de *A. cerana Fab.* em parcelas abertas ou em gaiolas de pepino foi máxima às 10.00 horas e mais baixa às 18.00 horas.

Kumar *et al.* (2002) apontaram dados agro-ecológicos para o país de Punjab, na Índia, mostrando a atividade apícola mais intensa a 18,3 graus centígrados e 60% de humidade.

Viraktamath e Patil (2002) relataram que a aplicação de Fruit boost e Bee-Q resultou numa maior atração de abelhas no girassol. Da mesma forma, a aplicação de Bee-Q, solução de açúcar, extractos de folhas de canela e melaço atraiu mais polinizadores para as flores de mostarda.

Murasing e Viraktamath (2002) relataram que a aplicação de Bee-Q, extrato de folha de canela e melaço atraiu mais polinizadores em flores de mostarda.

Manjunatha (2003) relatou que a pulverização de Fruit boost e Bee-Q aumentou significativamente a visitação de *A. dorsata, A. mellifera, A. cerana* e outros polinizadores em girassol. No entanto, o efeito dos atractivos durou três a cinco dias. *A. mellifera* forrageou durante mais tempo (0,43 a 0,51 min.) na parcela tratada.

Kumari e Pandey (2005) referiram que *Apis mellifera* era ativa durante todo o período de floração, enquanto *Apis indica* e *Apis dorsata* eram mais activas quando o número máximo de plantas estava em floração (apenas a meio do período de floração).

Ganapathi (2005) relatou que a pulverização de reforço de frutas no algodão *Bt* (a 0,5 e 1,0 ml/l) atraiu um número significativamente maior de *A. dorsata, A. mellifera* e *A. florea* até o quinto dia após a pulverização durante a primeira e a segunda pulverização e até o terceiro dia durante a terceira pulverização. O spray Bee-Q foi o segundo melhor em atrair um número significativamente maior de abelhas até o terceiro dia durante a primeira e a segunda pulverização e até um dia durante a terceira pulverização. A água perfumada de tuberosa juntamente com a solução de açúcar foi capaz de atrair um número significativamente maior de abelhas apenas no primeiro dia após a pulverização.

Kumar *et al.* (2005) registaram a abundância relativa de espécies de *Apis* em H. annus e indicaram que *A. mellifera* era o visitante dominante. O coeficiente de regressão padrão revelou que a temperatura desempenhou o papel principal na flutuação da população de *espécies de Apis.*

Devkota e Thapa (2005) relataram que as espécies de abelhas preferiam parcelas abertas para forrageamento e que *A. cerana F.* forrageava um número significativamente ($P < 0,05$) maior de flores de brócolis (uma média de 11,39 e 12,11 flores por minuto) em comparação *com A. mellifera L.* (uma média de 9,03 e 10,89 flores por minuto) em condições de gaiola e abertas, respetivamente.

Gowda *et al.* (2005) relataram que os perfis de forrageamento e de colmeia da abelha indiana *A. Cerena F.* revelaram que o número de forrageadoras de pólen era maior durante as 09h00 a 11h00 e o número de forrageadoras de néctar era máximo durante as 13h00 a 16h00 do dia. O número de forrageadoras de néctar foi máximo durante os meses de janeiro a abril. No entanto, o número de forrageadoras de pólen foi maior em novembro e dezembro, seguido de março e abril.

Adebayo *et al.* (2006) relataram fontes de forrageamento no campo e os efeitos de caraterísticas vegetais selecionadas e variáveis meteorológicas nas intensidades de visita da abelha *melífera*, *A. mellifera* adansonii, em locais selecionados em Ibadan e Ogbomosho, no sudoeste da Nigéria. As actividades desta espécie de abelha variaram em função das fontes de forrageamento identificadas para a recolha de pólen ou de néctar, mesmo quando uma planta, *Helianthus annuus*, produzia pólen e néctar ao mesmo tempo, a visita era para um deles e nunca para pólen e néctar por uma determinada abelha. O pico das actividades de forrageamento das abelhas foi entre as 9 e as 13 horas locais, dependendo das condições meteorológicas diárias.

Patil e Sattigi (2007) relataram a atividade de forrageamento de *A. florea* das 08.00 às 18.00 horas do dia, com uma atividade média de forrageamento significativamente mais elevada às 12 horas, com 15,93 abelhas/m2 /5min na melancia.

Puskadija *et al.* (2007) referiram que as visitas mais frequentes foram estimadas em 20 a 25 graus centígrados e a humidade em 65-75%.

Patil *et al.* (2010) referiram que, após a primeira pulverização de xarope de açúcar, 5% registaram 3,67 abelhas/m2 /min. A polinização aberta sem pulverização registou o número mais baixo de abelhas (2,30 abelhas/m2 /min).

Krishana *et al.* (2014) estudaram a eficiência da polinização do girassol pela abelha melífera e revelaram que o capitulam das sementes (1278), o peso de 1000 sementes (47,3) e a % de sementes enrugadas (8,2) foram máximos em seis *Apis mellifera* enquadradas.

Navatha *et al.* (2014) relataram que abundantes insectos polinizadores, *nomeadamente* espécies de *Trigona, Halicatus speces* e espécies de *Compontus*, foram monitorizados quanto ao comportamento de forrageamento no ecossistema do cártamo. O início da atividade de forrageamento de *C.compressus* foi mais cedo (6.00 horas) em comparação com *Trigona spp* e *Halictus spp* (8.00 horas). O pico de atividade de todos os visitantes florais foi registado às 10.00 horas e a cessação da atividade foi registada entre as 16.00 e as 18.00 horas. *Trigona spp* visitou o maior número de cabeças, seguida de *Helicatus sp* e *C.compressus* . A velocidade de alimentação de *Helicatus* foi superior à *de Trigona* e *C.compressus* .

Manhare *et al.* (2017) referiram que a *Apis cerana indica* L. forrageava mais tempo por dia na flor de trigo mourisco do que *a Apis dorsata* e *a Apis florea.* As horas de pico da floração para ambas as espécies de abelhas são entre as 14h00 e as 16h00.

Matre *et al.* (2017) estudaram o comportamento de forrageamento de espécies de abelhas melíferas no cártamo. O número de flores visitadas por minuto e o tempo de procura de pólen e néctar foram mínimos no caso da *Apis mellifera.* O tempo máximo gasto na procura de pólen foi registado em *Apis indica.*

Yadav e Painkra (2020) estudaram a atividade de forrageamento de *Apis dorsata* na mostarda. Após todo o estudo durante os diferentes períodos de floração, nomeadamente o início, a plena floração e o fim da floração, concluiu-se que não foi registada qualquer população de abelhas-das-rochas entre as 7h00 e as 8h00. Atingiram o seu pico às 11.00 - 12.00 horas.

Harke *et al.* (2021) relataram que, no caso da polinização aberta, a intensidade das visitas de abelhas no 7th dia após a floração (6,54 abelhas/m2/min) foi consideravelmente maior do que em todos os tratamentos, seguida pelos 14th e 21 dias após a floração (4,96 abelhas/m2/min).

Harke *et al.* (2022) estudaram o efeito dos insecticidas da classe dos neonicotinóides, organofosforados e espinosina na visita de espécies de abelhas melíferas à cultura do cártamo. A frequência de visita de ambas as espécies, *Apis mellifera* e *Apis cerana* indica, foi considerada uniforme antes da pulverização. No entanto, a intensidade da visita das abelhas diminuiu um dia após a pulverização em cada tratamento químico.

Harke *et al.* (2022) estudaram o efeito da temperatura e da humidade nas visitas das abelhas ao cártamo. O maior número de visitas de abelhas foi observado na temperatura máxima e na humidade relativa máxima de 34,3 C e 67%, respetivamente.

CAPÍTULO - III

MATERIAL E MÉTODOS

CAPÍTULO - III

MATERIAL E MÉTODOS

A experiência de campo foi conduzida durante a estação *rabi* do ano 2022-2023 para rastrear os genótipos promissores de cártamo contra o pulgão *Uroleucon compositae* (Theobald), testar a bioeficácia dos insecticidas contra o pulgão do cártamo e avaliar o comportamento de forrageamento dos polinizadores no cártamo. O material utilizado e os métodos adoptados no decurso da investigação são descritos a seguir.

3.1 Localização da experiência

A experiência de campo foi realizada durante a época *rabi* de 2022-2023 na quinta experimental do Departamento de Entomologia Agrícola, Vasantrao Naik Marathwada Krishi Vidyapeeth, Parbhani (Maharashtra).

3.2 Condições climáticas

Geograficamente, a exploração experimental do Departamento de Entomologia Agrícola, Vasantrao Naik Marathwada Krishi Vidhyapeeth, Parbhani, está situada entre 19° 26'N e 76 '77' e a altitude é de 347 metros em relação ao nível médio do mar. O clima de Parbhani é tropical, segundo a classificação de Koppen. A precipitação média distribui-se de junho a finais de setembro e cerca de 80% da precipitação provém da monção do sudoeste. A temperatura máxima média anual é de 36°C, variando entre 30-45C, e a temperatura mínima média é de 14C, variando entre 14-20C, e a humidade mínima e máxima médias são de 35% e 44%, respetivamente.

3.3 Tipo de solo

A experiência foi realizada em solo de algodão preto com boa drenagem. A profundidade do solo variou de 3 a 4 metros.

3.4 Práticas agronómicas

3.4.1 Preparação do terreno

Todas as práticas de cultivo e dosagens de fertilizantes recomendadas foram aplicadas no campo experimental com o objetivo de obter uma boa colheita de genótipos de cártamo. O campo foi uniformemente preparado através de uma operação de lavoura profunda durante o verão, seguida de uma gradagem intercruzada. O estrume bem decomposto do pátio da quinta foi adicionado ao solo e misturado cuidadosamente através de uma gradagem repetida. O campo foi então limpo, recolhendo os restolhos da cultura anterior.

3.4.2 Método de sementeira

As sementes foram semeadas no campo pelo método de dibbling.

3.4.3 Irrigação e aplicação de fertilizantes

Foi dada uma irrigação de proteção com base nas necessidades. A aplicação de 60:40:00 NPK Kg/ha foi administrada. Meia dose de nitrogénio e dose completa de fósforo foram adicionadas no momento da sementeira e após 30-35 dias uma nova dose de nitrogénio.

3.4.4 Operação intercultura

As operações de monda foram efectuadas atempadamente.

3.5 Para selecionar os genótipos promissores de cártamo contra o afídeo *Uroleucon compositae*

(Theobald)

3.5.1 Pormenores experimentais :

1. Ano e estação : 2022-23 *(Rabi)*
2. Colheita : Cártamo
3. Conceção : Desenho de blocos aleatórios
4. Replicação : 2
5. Tratamentos : 15
6. Tamanho da parcela

I) Bruto : 2,70 m x 4,0 m

II) Líquido : 1,80 m x 3,7 m

7 Espaçamento : 45 x 20 cm2

8 Data de sementeira : 25-11-2022

3.5.2 Método de registo da observação

3.5.2.1 Contagem de afídeos:

A contagem de pulgões foi registada em 5 plantas selecionadas ao acaso, com 5 cm de comprimento apical do rebento, a intervalos semanais, desde o aparecimento dos pulgões até à colheita da cultura. Todas as práticas agronómicas recomendadas foram adoptadas, exceto as medidas de proteção das plantas, *ou seja,* a aplicação de insecticidas.

3.5.2.2 Índice de infestação de afídeos (I.I.A.):

O índice de infestação de afídeos foi calculado com base nos graus de secagem da folhagem, utilizando a seguinte fórmula

Índice de infestação de afídeos (I.I.A.) = $\frac{1 \text{ x a } +2\text{x b } +3 \text{ x c} + 4 \text{ x d } +5 \text{ x e}}{\text{A+b+c+d+ej}}$

Onde, 1 a 5 = Grau de secagem, a a j = Número de plantas em cada grau.

Quadro 3.1 Categorias de infestação de afídeos de acordo com o Índice de Infestação de Afídeos (I.I.A.)

Grau de secagem	Categoria	AII
I	Alta resistência	< 1 ou =1
II	Resistência	1.1 a 2
III	Resistência moderada	2.1 a 3
IV	Suscetível	3.1 a 4
V	Altamente suscetível	4.1 a 5

Quadro 3.2 Seleção de entradas de cártamo contra afídeos com base na secagem da folhagem

Percentagem de amarelecimento e secagem da folhagem	Taxa de danos
0 a 20 %	1
21 a 40 %	2
41 a 60 %	3
61 a 80 %	4
Mais de 80 %	5

Quadro 3.3 Pormenores dos tratamentos utilizados na seleção de genótipos de cártamo

Tratamento	Genótipos
T1	SSF-17-05
T2	A-1
T3	SSF-1704
T4	ANG-18-02
T5	PBNH-194
T6	SAF-1335
T7	GMU-1628

T8	SAF-1224
T9	SSF-714
T10	SAF-1113
T11	SAF-682
T12	SSF-734
T13	SSF-807
T14	SAF-1340

Fig.3.1: Esquema da experiência de seleção de genótipos de cártamo

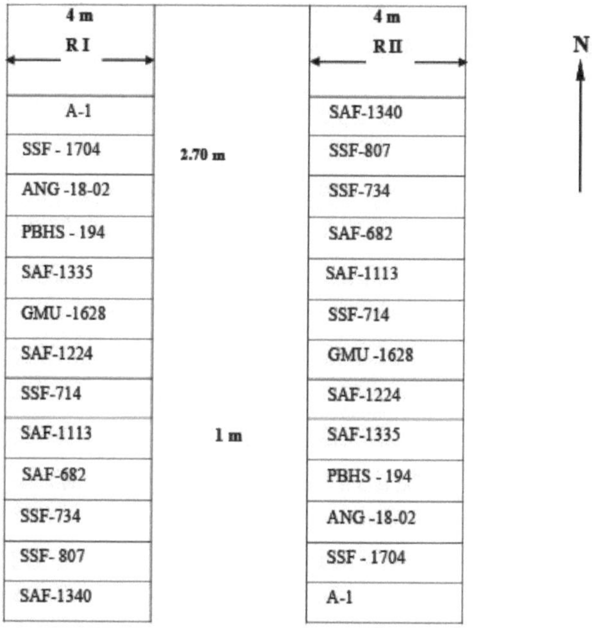

3.5 Testar a bioeficácia dos insecticidas contra o pulgão do cártamo

3.5.1. Pormenores experimentais

1. Ano e estação 2022-23 (*Rabi*)
2. Colheita : Safflower
3. Variedade PBNS-12
4. Conceção Desenho de blocos aleatórios
5. Replicação : 3
6. Tratamentos : 12
7. Tamanho da parcela

I) Bruto : 4,00 x 2,25 m

II) Líquido : 3,80 x 1,80 m

: 45 x 20 cm

8. Espaçamento

Foi realizada uma investigação para testar a bioeficácia dos insecticidas contra o pulgão do cártamo. Foram aplicados doze tratamentos diferentes de insecticidas (quadro 3.5.2) contra o pulgão do cártamo. O experimento foi realizado na fazenda experimental, no Departamento de Entomologia Agrícola, Vasantrao Naik Marathwada Krishi Vidyapeeth, Parbhani durante 2022-23 em um Projeto de Bloco Aleatório com 3 Replicação e 12 tratamentos inseticidas. A variedade PBNS-12 foi utilizada para a bioeficácia.

3.4 Pormenores do tratamento: -

Sr. Não.	Tratamento	Dose
1	Tratamento de sementes com imidaclopride 48 FS	9 ml/kg de semente
2	Tratamento de sementes com tiametoxame 30 FS	10 ml/kg de semente
3	Irrigação do solo com clotianidina 50 WDG	2,5 g/10 litro de água
4	Tratamento de sementes com imidaclopride 48 FS e pulverização foliar de espinetorame11.70 SC	9 ml/kg de sementes e 420 ml/ha
5	Tratamento de sementes com imidaclopride 48 FS e pulverização foliar de ciantraniliprole 10,26 OD	9 ml/kg de semente e 900 ml/ha
6	Tratamento de sementes com tiametoxame 30 FS e pulverização foliar de espinetorame11,70 SC	10 ml/kg de semente e 420 ml/ha
7	Tratamento de sementes com tiametoxame 30 FS e pulverização foliar de ciantraniliprole 10,26 OD	10 ml/kg de semente e 900 ml/ha
8	Imersão no solo com clotianidina 50 WDG e pulverização foliar de espinetorame11,70 SC	2,5 g/10 litro de água e 420 ml/ha
9	Emulsão no solo com clotianidina 50 WDG e pulverização foliar de ciantraniliprole 10,26 OD	2,5 g/10 litro de água e 900 ml/ha
10	Pulverização foliar de espinetorame11.70 SC	420 ml/ha
11	Pulverização foliar de ciantraniliprole 10.26 OD	900 ml/ha
12	Controlo não tratado	-

3.5.2.1 Métodos de aplicação de insecticidas -

A primeira pulverização de insecticidas foi aplicada quando apareceu o limiar económico do pulgão do cártamo e as pulverizações seguintes foram feitas com um intervalo de 15 dias.

3.5.2.2 Métodos de registo das observações -

Cinco plantas de cada tratamento foram selecionadas ao acaso e marcadas para registo das observações. As observações sobre o número de afídeos (ninfas e adultos) foram registadas nos 5 cm de comprimento apical do rebento por planta. A pré-contagem da praga foi registada um dia antes da aplicação do tratamento. Por outro lado, as contagens pós-tratamento foram registadas com base na sobrevivência da população de afídeos no 5º, 7º, 10º e 14º dias após a aplicação do tratamento. A população de sobrevivência de inimigos naturais por planta também foi registada.

O rendimento da cultura também foi registado em cada parcela de cada repetição separadamente.

3.5.2.3 Análise estatística-

Os dados obtidos sobre a população de afídeos e inimigos naturais nos diferentes tratamentos foram calculados e submetidos a análise após transformação da raiz quadrada. A análise estatística foi efectuada após a transformação adequada dos dados.

Fig. 3.2. Plano de disposição para avaliar a eficácia dos insecticidas contra o pulgão do cártamo

RI	RII	RIII
T1	T12	T8
T2	T11	T7
T3	T10	T6
T4	T9	T5
T5	T8	T4
T6	T7	T3
T7	T6	T2
T8	T5	T1
T9	T4	T10
Tio	T3	T9

T11	T2	T12
T12	T1	T11

Distância entre a parcela: 1,0 m e a réplica 1,0 m
Desenho: Desenho de blocos aleatórios (RBD)
Variedade: PBNS- 12
Espaçamento: 45cm x 20cm

Foto No: 3.1 Uma visão experimental da bioeficácia dos insecticidas contra o pulgão do cártamo

3.6. Para avaliar o comportamento de forrageamento dos polinizadores no cártamo (*Carthamus tinctorius L.*)

3.6.1 Pormenores experimentais:

1. Ano e estação do ano :	2022-23 *(Rabi)*
2. Conceção :	Não reproduzido
3. Dimensão bruta da parcela :	10 x 10
4. Espaçamento :	45 x 20 cm
5. Cultura :	Cártamo
6. Variedade :	PBNS-12

3.6.2 Método de registo da observação.

Para esta experiência, foi semeada separadamente uma única parcela de 10 x 10 m quadrados, com um espaçamento de 45 x 20 cm. A variedade utilizada foi a PBNS-12. Quando o cártamo começa a florir, foram registados diferentes polinizadores, das 08.00 às 18.00 horas, em dois locais selecionados aleatoriamente numa área de um metro quadrado. A observação foi registada semanalmente durante o período de pico de floração da cultura.

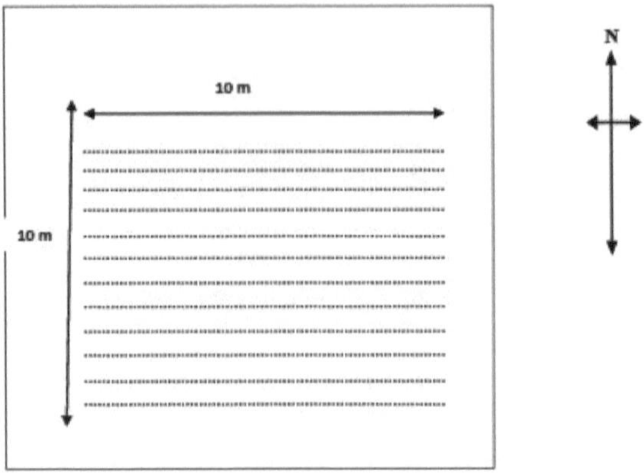

FIG 3.3. Plano de disposição do comportamento de forrageamento dos polinizadores no cártamo

1) ***Apis dorsata***

2) *Apis mellifera*

Foto No: 3.2 Espécies de abelhas melíferas

Apis florea

Melipona irridipenis

Aphis cerena indica

Apis florea Melipona irridipenis Aphis cerena indica

CAPÍTULO - IV

RESULTADOS E DISCUSSÃO

CAPÍTULO IV

RESULTADOS E DISCUSSÃO

A presente investigação intitulada "Rastreio e gestão do pulgão do cártamo (*Uroleucon compositae*)" foi realizada no Departamento de Entomologia Agrícola, Vasantrao Naik Marathwada Krishi Vidyapeeth, Parbhani, (MH) durante o *Rabi* 2022-2023. Os resultados obtidos na presente investigação são apresentados neste capítulo.

4.1 Seleção do genótipo promissor de cártamo contra o afídeo *Uroleucon composi- tae* (Theobald)

Os dados apresentados no quadro 4.1 e na fig. 4.1 revelam que a incidência de pulgões foi observada entre 71,73 e 174,97 pulgões/5 cm de galho. Dos 14 acessos de germoplasma analisados, um acesso registou uma população de pulgões de 71,33 pulgões/5 cm de galho com AII 0,80. Este genótipo SSF-17-04 foi classificado como altamente resistente ao pulgão do cártamo. Dez acessos de germoplasma registaram uma população de pulgões de 91,01-116,11 pulgões/5 cm no comprimento do rebento apical e AII variando de 1,46 a 1,73. Estes acessos viz., A-1, SAF-1335, GMU-1628, SAF-1224, SSF-714, SAF-1113, SAF-682, SSF-734, SSF-807 e SAF-13-40 foram classificados como genótipos resistentes aos afídeos do cártamo. Entre 14 acessos de germoplasma, dois acessos de germoplasma registaram uma população de pulgões de 128,49135,92 pulgões/5 cm de galho com AII variando de 2,53 a 2,73. Estes acessos ANG 18-02 e SSF-1705 foram classificados como genótipos moderadamente resistentes ao pulgão do cártamo. O genótipo PBNH-194 foi classificado como genótipo altamente suscetível ao pulgão do cártamo. A população máxima de pulgões de 174,97 pulgões/5cm de galho com AII variando 4,4.

Os resultados estão de acordo com Rajput *et al.* (2013), que mostraram alguns acessos de cártamo resistentes aos pulgões do cártamo.

Guljar *et.al* (2016) referiram que os genótipos de cártamo A-2, A-1 e ASA-04 apresentaram uma resistência moderada ao pulgão do cártamo.

Chaithanya *et al.* (2019) Registaram dez acessos de germoplasma, a saber, GMU-671, GMU-599, GMU-3256, GMU-5133, GMU-5848, GMU-7868, GMU-7869, GMU-7870, GMU-7885, GMU-7917, que foram considerados moderadamente resistentes aos afídeos, com um AII médio que varia entre 2,3 e 3,0. Das 21 variedades avaliadas, uma variedade, Girna, foi considerada resistente com um AII médio de 2,0. Sete variedades viz. SSF-748, Bhima, A-1, SSF-708, PBNS-12, SSF-733 e Manjira foram consideradas moderadamente resistentes a pulgões com um AII médio variando de 2,3 a 3,0.

Tabela 4.1 : Reação dos genótipos de cártamo contra o afídeo, *U. compositae*, durante 2022-23

Sr. Não.	Nome da entrada	Nº médio de pulgões/5cm de comprimento apical do rebento	Categoria de resistência	Grau de secagem da folhagem	A.I.I.
1	SSF-1705	128.49 (11.38)*	RM	III	2.73
2	A-1	91.01 (9.59)	R	II	1.46
3	SSF-1704	71.33	RH	I	0.80

		(8.50)				
4	ANG-18-02	135.92 (11.70)		RM	III	2.53
5	PBNH-194	174.97 (13.26)		HS	V	4.4
6	SAF-1335	91.70	(9.62)	R	II	1.33
7	GMU-1628	91.19 (9.60)		R	II	1.73
8	SAF-1224	92.04 (9.64)		R	II	1.80
9	SSF-714	94.33	(9.76)	R	II	1.40
10	SAF-1113	91.88	(9.63)	R	II	1.60
11	SAF-682	105.26 (10.30)		R	II	1.80
12	SSF-734	116.11 (10.82)		R	II	1.73
13	SSF-807	96.56 (9.87)		R	II	1.80
14	SAF-13-40	96.48 (9.86)		R	II	1.33
	SE	0.088				
	CD. a 5%		0.27			

4.2 Observação biométrica

4.2.1 Teor de óleo

Entre os genótipos analisados, as diferenças no teor de óleo foram significativas, SSF-1705 (32,62%) o maior teor de óleo, seguido por SSF-1704 (30,22%) estes genótipos foram encontrados em pé de igualdade com o outro. O teor de óleo mais baixo foi observado em PBNH-194 (27,83%), seguido por SAF-1335 (27,63%).

4.2.2 Altura da planta

Os dados sobre a altura das plantas (cm) são apresentados no Quadro 4.2. A altura da planta variou de 44,49 cm a 82,77 cm. Entre os diferentes genótipos, o genótipo SSF-1704 (82,77 cm) registou a maior altura de planta. Entre os genótipos SAF-682, o genótipo (44,49 cm) registou a altura de planta mais baixa.

4.2.3 Peso de 1000 sementes

Os dados sobre o peso médio de 100 sementes de cártamo são apresentados na tabela 4.3. e na Fig. 4.4. As diferenças no peso de 1000 sementes foram significativas entre os diferentes genótipos, SAF-682 (70,51 g) teve o maior peso de 1000 sementes, seguido por SAF-1335 (69,37 g), SAF-734 (65,20 g). Estes genótipos foram encontrados a par uns dos outros. O peso mais baixo de 1000 sementes foi observado em SSF-1705 (51.10 g).

4.2.4 Rendimento médio de sementes (g/planta)

Os dados sobre o rendimento médio de sementes (g/planta) apresentados na tabela 4.3. e 4.5 O rendimento médio de sementes g/planta) varia de 1,62 gm a 7,0 gm. Entre os diferentes genótipos, o SSF-1704 (7,00 g/planta) teve o maior rendimento médio de sementes (g/planta). Entre os diferentes genótipos, PBNH-194 (1,62 g/planta) teve a menor média de produção de sementes (g/planta).

Khoshaoud *et.al* (2005) avaliaram 100 genótipos e descobriram que a altura máxima das plantas é de 70 cm e a percentagem de óleo varia entre 23,02 e 34,02 para diferentes genótipos. Eles também relataram que o rendimento médio de grãos de diferentes genótipos é de 956,18 kg/ha.

Bella *et al.* (2019) examinaram 16 acessos de germoplasma de cártamo e observaram diferenças significativas em relação ao número máximo de ramos (14,5) e ao maior número de capítulos por planta (16) no germoplasma CTI 17. O valor mais elevado para o rendimento de sementes (1,64 t/ha) e o rendimento de óleo de sementes (0,59 t/ha) foram registados no germoplasma CTI 17.

Quadro 4.2 : Efeito do pulgão do cártamo no teor de óleo calculado (%) e na planta altura

Sr.No.	Nome da entrada	Teor de óleo (%)	Altura da planta (cm)
1	SSF-1705	32.62	71.32
2	A-1	28.49	65.45
3	SSF-1704	30.22	82.77
4	ANG-18-02	28.05	73.35
5	PBNH-194	27.83	69.50
6	SAF-1335	27.63	71.85
7	GMU-1628	28.73	46.60
8	SAF-1224	29.72	72.03
9	SAF-714	28.23	66.98
10	SAF-1113	28.22	68.52
11	SAF-682	30.00	44.49
12	SAF-734	28.16	72.02
13	SAF-807	29.34	68.21
14	SAF-13-40	28.17	81.75
	S.Em. +	**0.12**	**0.70**
	C.D. a 5 %	**0.37**	**2.17**

Quadro 4.3 : Efeito do pulgão do cártamo no peso e no rendimento das sementes.

Sr.No.	Nome da entrada	1000 peso da semente (gm)	Rendimento médio da semente (g/planta)
1	SSF-1705	51.10	4.16
2	A-1	55.60	5.17
3	SSF-1704	60.17	7.00
4	ANG-18-02	57.07	4.50
5	PBNH-194	55.94	1.62
6	SAF-1335	69.37	5.27
7	GMU-1628	62.70	5.62
8	SAF-1224	62.30	5.57
9	SAF-714	60.18	5.10
10	SAF-1113	62.77	5.78
11	SAF-682	70.51	5.84
12	SAF-734	65.20	5.16
13	SAF-807	60.69	5.80
14	SAF-13-40	65.16	5.21
	S.E	**1.14**	**0.23**
	C.D. a 5 %	**3.54**	**0.71**
	C.V. %	**6.28**	**6.34**

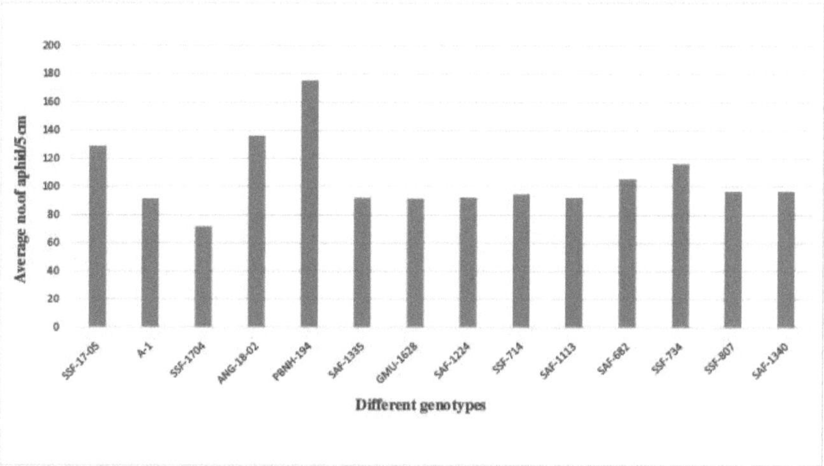

Figura 4.1 Número médio de *Uroleucon compositae* / 5 cm de comprimento apical do rebento

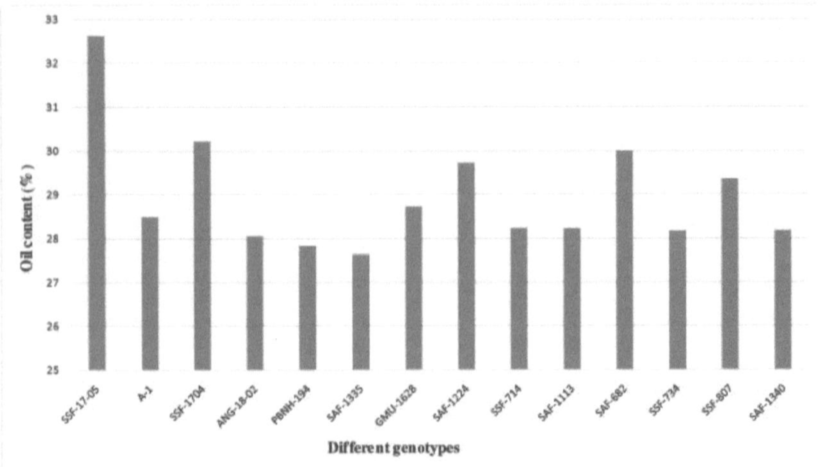

Figura 4.2 Teor de óleo de diferentes genótipos de cártamo, *(Carthamus tinctorius* L.)

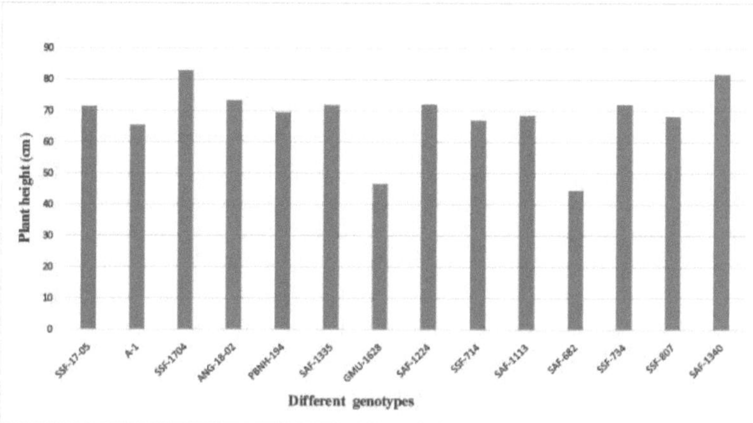

Figura 4.3 Altura média das plantas (cm) de diferentes genótipos de cártamo

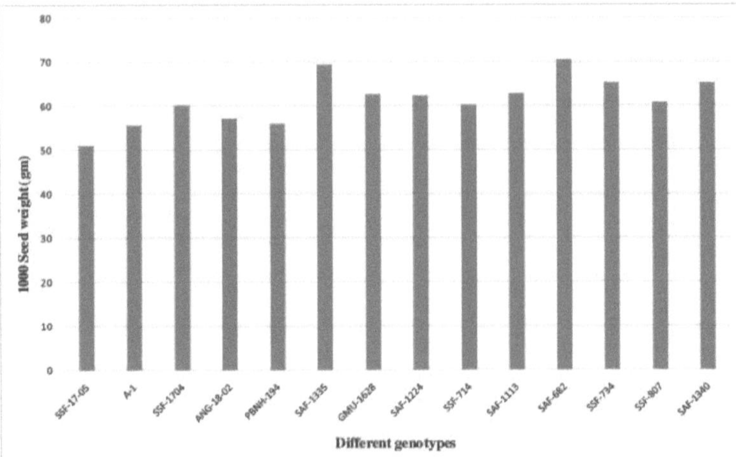

Figura 4.4 Peso de 1000 sementes (gm) de diferentes genótipos de cártamo

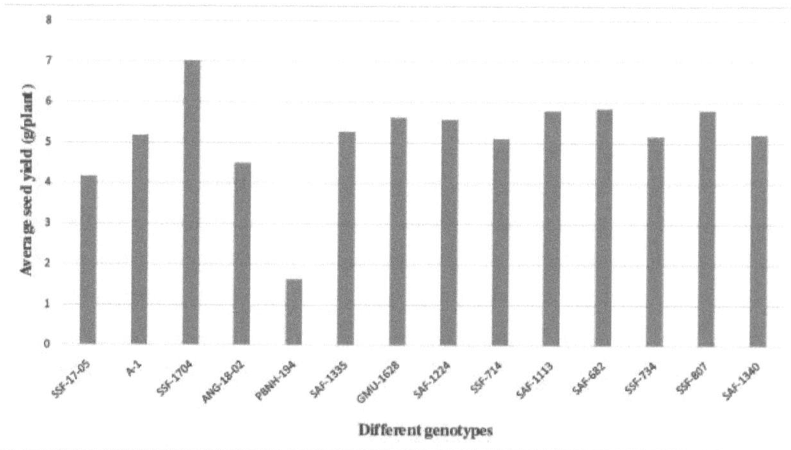

Figura 4.5 Rendimento médio de sementes (g/planta) de diferentes genótipos de cártamo

4.2 Efeito dos insecticidas na incidência de afídeos

4.2.1 Após a primeira pulverização

Os dados sobre a contagem média de pulgões no pré-tratamento e pós-tratamento por 5 cm de comprimento do rebento apical por planta após a primeira pulverização são apresentados no Quadro 4.4 e ilustrados graficamente na Fig.4.6. A contagem média de pulgões no pré-tratamento foi observada na faixa de 38,67 a 91,07 pulgões /5 cm de comprimento do rebento apical por planta.

Aos 5 DAS, todos os tratamentos foram significativamente superiores ao controlo não tratado. O tratamento de sementes com thiamethoxam 30 FS e uma pulverização foliar de spinetoram11.70 SC registou a menor população de 11,27 pulgões /5 cm de comprimento apical do rebento por planta, seguido pelo tratamento de sementes com thiamethoxam 30 FS e uma pulverização foliar de cyantraniliprole 10.26 OD (13,33 pulgões /5 cm de comprimento apical do rebento / planta), que foram iguais entre si. Os próximos tratamentos promissores foram duas pulverizações foliares de spinetoram11.70 SC, duas pulverizações foliares de cyantraniliprole 10.26 OD, tratamento de sementes com imidacloprid 48 FS e uma pulverização foliar de spinetoram11.70 SC, tratamento de sementes com imidacloprid 48 FS e uma pulverização foliar de cyantraniliprole 10.26 OD e a pulverização no solo com clotianidina 50 WDG e uma pulverização foliar de espinetoram11.70 SC foram iguais entre si, registando 18,47, 19,53, 19,87, 22,07 e 23,47 pulgões /5 cm de comprimento apical do rebento / planta, respetivamente. Os melhores tratamentos seguintes, por ordem de mérito, foram a imersão no solo com clotianidina 50 WDG e uma pulverização foliar de ciantraniliprole 10,26 OD (25,07 pulgões /5 cm de comprimento apical do rebento / planta), tratamento de sementes com tiametoxame 30 FS (52.53 pulgões /5 cm de comprimento do rebento apical/planta), tratamento de sementes com imidaclopride 48 FS (54,67 pulgões /5 cm de comprimento do rebento apical/planta) e irrigação do solo com clotianidina 50 WDG (58,33 pulgões /5 cm de comprimento do rebento apical/planta). A população mais elevada de 111,53 pulgões /5 cm de comprimento do rebento apical / planta foi registada num controlo não tratado.

Aos 7 DAS, os tratamentos tratamento de sementes com tiametoxame 30 FS e uma pulverização foliar de espinetoram11.70 SC, seguido do tratamento de sementes com tiametoxame 30FS e uma pulverização foliar de ciantraniliprole 10.26 OD, duas pulverizações foliares de espineto- ram11.70 SC e duas pulverizações foliares de cianantraniliprole 10.26 OD foram os tratamentos mais eficazes e foram iguais entre si, registando 7,93, 9,07, 10,20 e 11,27 pulgões /5 cm de comprimento apical do rebento / planta, respetivamente. Os próximos tratamentos mais eficazes foram o tratamento de sementes com imidaclopride 48 FS e uma pulverização foliar de espinetoram11.70 SC, tratamento de sementes com imidaclopride 48 FS e uma pulverização foliar de cianotransiliprole 10.26 OD, encharcamento do solo com clotianidina 50 WDG e uma pulverização foliar de espinetoram11.70 SC e a pulverização no solo com clotianidina 50 WDG e uma pulverização foliar de cianantraniliprole 10,26 OD, que registaram 13,40, 15,07, 17,40 e 19,07 pulgões /5 cm de comprimento apical do rebento / planta, respetivamente, e foram iguais entre si. Os tratamentos de tratamento de sementes com tiametoxame 30 FS, tratamento de sementes com imidaclopride 48 FS e irrigação do solo com clotianidina 50 WDG registaram uma população de pulgões entre 59,53 e 70,33 pulgões /5 cm de comprimento do rebento apical / planta. No entanto, num controlo não tratado, foi registada a maior população de pulgões (120,87).

Aos 10 DAS, os tratamentos mais promissores foram o tratamento de sementes com tiametoxame 30 FS e uma pulverização foliar de espinetorame 11,70 SC, seguido pelo tratamento de sementes com tiametoxame 30 FS e uma pulverização foliar de ciantraniliprole 10,26 OD, que foram estatisticamente iguais entre si, registando 8,33 e 10,27 pulgões /5 cm de comprimento apical do rebento / planta, respetivamente. Os próximos tratamentos promissores foram duas pulverizações foliares de spinetoram11.70 SC (11,93) e duas pulverizações foliares de cyantraniliprole 10.26 OD (13,13), que foram iguais entre si. Os melhores tratamentos que se seguiram foram o tratamento de sementes com imidaclopride 48 FS e uma pulverização foliar de espinetorame 11.70 SC, o tratamento de sementes com imidaclopride 48 FS e uma pulverização foliar de ciantraniliprole 10.26 OD, a aplicação no solo de clotianidina 50 WDG e uma pulverização foliar de espinetorame 11.70 SC e a pulverização no solo com clotianidina 50 WDG e uma pulverização foliar de ciantraniliprole 10,26 OD, que registaram uma população de afídeos entre 17,33 e 21,47 afídeos /5 cm de comprimento apical do rebento / planta e que foram iguais entre si. Os tratamentos com tratamento de sementes com thiamethoxam 30 FS, tratamento de sementes com imidacloprid 48 FS e irrigação do solo com clothianidin 50 WDG foram os próximos melhores tratamentos por ordem de eficácia. A população mais elevada de 134,67 pulgões /5 cm de comprimento apical do rebento / planta foi registada num controlo não tratado.

Aos 14 DAS, a população de pulgões variou de 12,80 a 172,13 pulgões /5 cm de comprimento apical do rebento / planta. O tratamento com sementes com thiamethoxam 30 FS e uma pulverização foliar de spinetoram11.70 SC, que foi igual ao tratamento com sementes com thiamethoxam 30 FS e uma pulverização foliar de cyantraniliprole 10.26 OD, registou uma população de pulgões significativamente menor do que todos os outros tratamentos. Os tratamentos com duas pulverizações foliares de espinetoram11,70 SC (21,13), duas pulverizações foliares de ciantraniliprole 10,26 OD (22,73), tratamento de sementes com imidaclopride 48 FS e uma pulverização foliar de espinetoram11,70 SC e tratamento de sementes com imidaclopride 48 FS e uma pulverização foliar de

Foto No: 4.1 Infestação de pulgão do cártamo na parcela experimental

O tratamento com tiametoxame 30 FS, o tratamento de sementes com imidaclopride 48 FS e a

aplicação de clotianidina 50 WDG no solo foram os próximos tratamentos promissores. Os tratamentos com tratamento de sementes com thiamethoxam 30 FS, tratamento de sementes com imidacloprid 48 FS e irrigação do solo com clothianidin 50 WDG foram os próximos tratamentos promissores. No entanto, num controlo não tratado, foi registada a maior população de afídeos (172,13).

4.2.2. Após a segunda pulverização

Os dados sobre a contagem pós-tratamento do pulgão médio por 5 cm de comprimento apical do rebento por planta após a segunda pulverização são apresentados no Quadro 4.5 e ilustrados graficamente na Fig.4.7. Todos os tratamentos insecticidas registaram uma população de pulgões significativamente menor do que a do controlo aos 5 DAS após a segunda pulverização. Os tratamentos com duas pulverizações foliares de espinetoram11,70 SC (6,33) e duas pulverizações foliares de ciantraniliprole 10,26 OD (7,60) registaram uma população de pulgões significativamente menor do que os restantes tratamentos e que foram considerados estatisticamente iguais entre si. Os próximos tratamentos promissores foram o tratamento de sementes com tiametoxame 30 FS e uma pulverização foliar de espinetoram11.70 SC, o tratamento de sementes com tiametoxame 30 FS e uma pulverização foliar de cianotraniliprole 10.26 OD, o tratamento de sementes com imidaclopride 48 FS e uma pulverização foliar de espinetoram11.70 SC, o tratamento de sementes com imidaclopride 48 FS e uma pulverização foliar de cianotransiliprole 10.26 OD e a aplicação no solo de clotianidina 50 WDG e uma pulverização foliar de espinetorame 11.70 SC, que foram semelhantes entre si e registaram uma população de afídeos significativamente inferior à dos restantes tratamentos. Os tratamentos com a pulverização no solo com clotianidina 50 WDG e uma pulverização foliar de ciantraniliprole 10,26 OD, o tratamento de sementes com tiametoxame 30 FS, o tratamento de sementes com imidaclopride 48 FS e a pulverização no solo com clotianidina 50 WDG foram os tratamentos seguintes melhores em termos de eficácia. A população mais elevada de 187,93 pulgões /5 cm de comprimento apical do rebento / planta foi registada num controlo não tratado.

Aos 7 DAS, todos os tratamentos insecticidas registaram uma população de pulgões significativamente menor do que a do controlo não tratado. A população de pulgões variou de 4,27 a 201,40 pulgões /5 cm de comprimento apical do rebento / planta. Os tratamentos com duas pulverizações foliares de spinetoram11.70 SC e duas pulverizações foliares de cyantraniliprole 10.26 OD foram iguais entre si e registaram uma população de pulgões significativamente menor de 4,27 e 5,40 pulgões /5 cm de comprimento apical do rebento / planta, respetivamente, do que os restantes tratamentos. Os próximos melhores tratamentos foram o tratamento de sementes com tiametoxame 30 FS e uma pulverização foliar de espinetoram11.70 SC, o tratamento de sementes com tiametoxame 30 FS e uma pulverização foliar de ciantraniliprole 10.26 OD e o tratamento de sementes com imidaclopride 48 FS e uma pulverização foliar de espinetoram11.70 SC foram os próximos tratamentos mais promissores que foram encontrados a par entre si. Os tratamentos com tratamento de sementes com imidaclopride 48 FS e uma pulverização foliar de ciantraniliprole 10,26 OD, a imersão no solo com clotianidina 50 WDG e uma pulverização foliar de espinetorame 11,70 SC e a imersão no solo com clotianidina 50 WDG e uma pulverização foliar de ciantraniliprole 10,26 OD foram semelhantes, registando uma população de afídeos entre 34,33 e 38,07 afídeos /5 cm de comprimento apical do rebento/planta. O tratamento de sementes com thiameth- oxam 30 FS, o tratamento de sementes com imidacloprid 48 FS e o encharcamento do solo com clothi- anidin 50 WDG foram os próximos melhores tratamentos. A população mais elevada de 201,40 pulgões /5 cm de comprimento apical do rebento / planta foi observada num controlo não tratado. Todos os tratamentos insecticidas registaram uma população de pulgões significativamente inferior à do controlo não tratado aos 10 DAS após a segunda pulverização. Os tratamentos com duas pulverizações foliares de espinetoram11.70 SC (5.47) e duas pulverizações foliares de cyantraniliprole 10.26 OD (6.73) registaram uma população de pulgões significativamente menor do que os restantes tratamentos e que foram estatisticamente iguais entre si. Os próximos tratamentos promissores foram o tratamento de sementes com thiamethoxam 30 FS e uma pulverização foliar de spinetoram11.70 SC, tratamento de sementes com thiamethoxam 30 FS e uma pulverização foliar de cyantraniliprole 10.26 OD e tratamento de sementes com imidacloprid 48 FS e uma pulverização foliar de spinet- oram11.70 SC, o tratamento de sementes com imidaclopride 48 FS e uma pulverização foliar de cianotraniliprole 10.26 OD e a aplicação no solo de clotianidina 50 WDG e uma pulverização foliar de espinetorame 11.70 SC foram os tratamentos mais promissores que se seguiram e que foram considerados iguais entre si. Os tratamentos seguintes mais promissores foram a clotianidina 50 WDG e uma pulverização foliar de ciantraniliprole 10,26 OD, o tratamento de sementes com tiametoxame 30 FS, o tratamento de sementes com imidaclopride 48 FS e a aplicação no solo de clotianidina 50 WDG, respetivamente

Aos 14 DAS, todos os tratamentos insecticidas registaram uma população de afídeos significativamente menor do que a do controlo não tratado. Entre todos os tratamentos, os tratamentos com duas pulverizações foliares de espinetoram 11,70 SC (7,87) e duas pulverizações foliares de cianotransiliprole 10,26 OD (9,20) registaram uma população de afídeos significativamente menor do que os restantes tratamentos e foram considerados estatisticamente iguais entre si. Os próximos melhores tratamentos, por ordem de eficácia, foram o tratamento de sementes com tiametoxame 30 FS e uma pulverização foliar de espinetoram11.70 SC, o tratamento de sementes com tiametoxame 30 FS e uma pulverização foliar de ciantraniliprole 10.26 OD, o tratamento de sementes com imidaclopride 48 FS e uma pulverização foliar de espinetoram11.70 SC, tratamento de sementes com imidaclopride 48 FS e uma pulverização foliar de ciantraniliprole 10.26 OD e irrigação do solo com clo-tianidina 50 WDG e uma pulverização foliar de espinetoram11.70 SC em que a população de pulgões variou de 28,13 a 42,73 pulgões/5 cm de comprimento apical do rebento/planta. O tratamento com a aplicação no solo de clothianidin 50 WDG e uma pulverização foliar de cyan-transiliprole 10.26 OD, o tratamento de sementes com thiamethoxam 30 FS, o tratamento de sementes com imidacloprid 48 FS e a aplicação no solo de clothianidin 50 WDG, respetivamente, foram os tratamentos promissores seguintes. Num controlo não tratado, foi observada a população mais elevada de 245,20 pulgões /5 cm de comprimento apical do rebento / planta.

4.2.3 Rendimento das sementes *rabi* 2022-23

Os dados apresentados no quadro 4.6 e na figura 4.8 indicam que o rendimento de sementes de cártamo variou de 3,11 a 14,34 q/ha. Os tratamentos com duas pulverizações foliares de espinetorame 11,70 SC e duas pulverizações foliares de ciantraniliprole 10,26 OD registaram rendimentos significativamente mais elevados de 14,34 e 13,93 q/ha, respetivamente, que foram iguais entre si. Os próximos tratamentos promissores foram o tratamento de sementes com thiamethoxam 30 FS e uma pulverização foliar de spinetoram11.70 SC e o tratamento de sementes com imidacloprid 48 FS e uma pulverização foliar de cyantraniliprole 10.26 OD, que também foram encontrados a par um do outro, registando rendimentos de sementes de 12.68 e 12.34 q/ha, respetivamente. Os restantes tratamentos registaram um rendimento de sementes entre 3,93 e 11,32 q/ha. O rendimento mínimo de 3,11 q/ha foi registado num controlo não tratado.

Quadro 4.4: Efeito de diferentes insecticidas no pulgão do cártamo, *Uroleucon compositae*, em 2022-23

Sr. Não.	Tratamento	Dose/ha	N.º médio de afídeos /5 cm de comprimento apical do rebento					
			Primeira pulverização					
			Pré-contagem	5DAS	7 DAS	10 DAS	14 DAS	Média
1	Tratamento de sementes com imidaclopride 48 FS	9 ml/kg de semente	42.67 (6.57) *	54.67 (7.43)	62.67 (7.95)	70.67 (8.44)	76.67 (8.78)	66.17 (8.16)
2	Tratamento de sementes com tiametoxame 30 FS	10 ml/kg de semente	41.53 (6.48)	52.53 (7.28)	59.53 (7.75)	64.53 (8.06)	68.53 (8.31)	61.28 (7.86)
3	Irrigação do solo com clotianidina 50 WDG	2,5 g/10 litro de água	44.33 (6.70)	58.33 (7.67)	70.33 (8.42)	78.33 (8.88)	86.33 (9.32)	73.33 (8.59)
4	Tratamento de sementes com imidaclopride 48 FS e uma pulverização foliar de espinetorame 11,70 SC	9 ml/kg de semente e 420 ml/ha	41.33 (6.47)	19.87 (4.51)	13.40 (3.73)	17.33 (4.22)	26.40 (5.19)	19.25 (4.44)
5	Tratamento de sementes com imidaclopride 48 FS e uma pulverização foliar de ciantraniliprole 10,26 OD	9 ml/kg de semente e 900 ml/ha	41.67 (6.49)	22.07 (4.75)	15.07 (3.95)	17.93 (4.29)	28.73 (5.41)	20.95 (4.63)
6	Tratamento de sementes com tiametoxame 30 FS e uma pulverização foliar de espinetorame 11,70 SC	10 ml/kg de semente e 420 ml/ha	38.67 (6.26)	11.27 (3.43)	7.93 (2.90)	8.33 (2.97)	12.80 (3.65)	10.08 (3.25)
7	Tratamento de sementes com tiametoxame 30 FS e uma pulverização foliar de ciantraniliprole 10,26 OD	10 ml/kg de semente e 900m l/ha	40.13 (6.37)	13.33 (3.72)	9.07 (3.09)	10.27 (3.28)	14.13 (3.83)	11.70 (3.49)
8	Imersão no solo com clotianidina 50 WDG e uma pulverização foliar de espinetorame 11,70 SC	2,5 g/10 litro de água e 420 ml/ha	43.00 (6.60)	23.47 (4.90)	17.40 (4.23)	20.13 (4.54)	30.33 (5.55)	22.83 (4.83)
9	Imersão no solo com clotianidina 50 WDG e uma pulverização foliar de ciantraniliprole 10,26 OD	2,5 g/10 litro de água e 900 ml/ha	44.33 (6.70)	25.07 (5.06)	19.07 (4.42)	21.47 (4.69)	32.40 (5.74)	24.50 (5.00)
10	Duas pulverizações foliares de espinetorame 11,70 SC	420 ml/ha	87.13 (9.36)	18.47 (4.36)	10.20 (3.27)	11.93 (3.53)	21.13 (4.65)	15.43 (3.99)
11	Duas pulverizações foliares de ciantraniliprole 10,26 OD	900 ml/ha	89.40 (9.48)	19.53 (4.48)	11.27 (3.43)	13.13 (3.69)	22.73 (4.82)	16.67 (4.14)
12	Controlo não tratado	-	91.07 (9.57)	111.53 (10.58)	120.87 (11.02)	134.67 (11.63)	172.13 (13.14)	134.80 (11.63)
	S.E.+		**0.27**	**0.23**	**0.25**	**0.17**	**0.33**	**0.22**
	C.D. a 5%		**0.78**	**0.68**	**0.74**	**0.51**	**0.97**	**0.64**
	CV%		**6.34**	**7.12**	**8.19**	**5.33**	**8.75**	**6.51**

* Os valores entre parênteses são valores transformados Vx+0,5 DAS: Dias após a pulverização

Quadro 4.5: Efeito de diferentes insecticidas no pulgão do cártamo, *Uroleucon compositae*, em 2022-23

Sr. Não.	Tratamento	Dose/ha	N.º médio de afídeos /5 cm de comprimento apical do rebento				
			Segunda pulverização				
			5DAS	7 DAS	10 DAS	14 DAS	Média
1	Tratamento de sementes com imidaclopride 48 FS	9 ml/kg de semente	78.87 (8.91)*	82.80 (9.13)	84.07 (9.20)	90.47 (9.54)	84.05 (9.20)
2	Tratamento de sementes com tiametoxame 30 FS	10 ml/kg de semente	70.47 (8.42)	74.13 (8.64)	76.93 (8.80)	81.53 (9.06)	75.77 (8.73)
3	Irrigação do solo com clotianidina 50 WDG	2,5 g/10 litro de água	88.73 (9.45)	91.27 (9.58)	94.27 (9.73)	100.60 (10.05)	93.72 (9.71)
4	Tratamento de sementes com imidaclopride 48 FS e uma pulverização foliar de espinetorame 11,70 SC	9 ml/kg de semente e 420 ml/ha	28.67 (5.40)	32.07 (5.71)	33.80 (5.86)	39.13 (6.30)	33.42 (5.82)
5	Tratamento de sementes com imidaclopride 48 FS e uma pulverização foliar de ciantraniliprole 10,26 OD	9 ml/kg de semente e 900 ml/ha	30.93 (5.61)	34.33 (5.90)	36.13 (6.05)	41.47 (6.48)	35.72 (6.02)
6	Tratamento de sementes com tiametoxame 30 FS e uma pulverização foliar de espinetorame 11,70 SC	10 ml/kg de semente e 420 ml/ha	17.67 (4.26)	21.07 (4.64)	22.87 (4.83)	28.13 (5.35)	22.43 (4.79)
7	Tratamento de sementes com tiametoxame 30 FS e uma pulverização foliar de	10 ml/kg de semente e 900	20.80 (4.62)	24.27 (4.98)	26.07 (5.15)	31.33 (5.64)	25.62

	ciantraniliprole 10,26 OD	ml/ha					(5.H)
8	Imersão no solo com clotianidina 50 WDG e uma pulverização foliar de espinetorame 11,70 SC	2,5 g/10 litro de água e 420 ml/ha	32.20 (5.72)	35.67 (6.01)	37.40 (6.16)	42.73 (6.58)	37.00 (6.12)
9	Imersão no solo com clotianidina 50 WDG e uma pulverização foliar de ciantraniliprole 10,26 OD	2,5 g/10 litro de água e 900 ml/ha	34.67 (5.93)	38.07 (6.21)	39.87 (6.35)	45.13 (6.76)	39.43 (6.32)
10	Duas pulverizações foliares de espinetorame 11,70 SC	420 ml/ha	6.33 (2.61)	4.27 (2.18)	5.47 (2.44)	7.87 (2.89)	5.98 (2.55)
11	Duas pulverizações foliares de ciantraniliprole 10,26 OD	900 ml/ha	7.60 (2.85)	5.40 (2.43)	6.73 (2.69)	9.20 (3.H)	7.23 (2.78)
12	Controlo não tratado	-	187.93 (13.73)	201.40 (14.21)	223.73 (14.97)	245.20 (15.67)	214.57 (14.67)
	S.E.+		**0.50**	**0.37**	**0.51**	**0.58**	**0.41**
	C.D. a 5%		**1.46**	**1.09**	**1.48**	**1.69**	**1.21**
	CV%		**13.41**	**9.74**	**12.83**	**13.73**	**10.49**

Os valores entre parênteses são valores transformados Vx+0,5 DAS: Dias após a pulverização.

Quadro 4.6: Efeito de diferentes insecticidas no pulgão do cártamo, *Uroleucon compositae*, em 2022-23

N.º Sr.	Tratamento	Dose/ha	Rendimento de sementes (qZha)
1	Tratamento de sementes com imidaclopride 48 FS	9 ml/kg de semente	4.46
2	Tratamento de sementes com tiametoxame 30 FS	10 ml/kg de semente	4.74
3	Irrigação do solo com clotianidina 50 WDG	2,5 g/10 litro de água	3.93
4	Tratamento de sementes com imidaclopride 48 FS e uma pulverização foliar de espinetoraml 1,70 SC	9 ml/kg de semente e 420ml/ha	11.32
5	Tratamento de sementes com imidaclopride 48 FS e uma pulverização foliar de ciantraniliprole 10,26 OD	9 ml/kg de semente e 900ml/ha	10.12
6	Tratamento de sementes com tiametoxame 30 FS e uma pulverização foliar de espinetoraml 1,70 SC	10 ml/kg de sementes e 420 ml/ha	12.68
7	Tratamento de sementes com tiametoxame 30 FS e uma pulverização foliar de ciantraniliprole 10,26 OD	10 ml/kg de sementes e 900 ml/ha	12.34
8	Imersão no solo com clotianidina 50 WDG e uma pulverização foliar de espinetoraml 1,70 SC	2,5 g/10 litro de água e 420 ml/ha	9.87
9	Imersão no solo com clotianidina 50 WDG e uma pulverização foliar de ciantraniliprole 10,26 OD	2,5 g/10 litro de água e 900 ml/ha	9.52
10	Duas pulverizações foliares de espinetoraml 1,70 SC	420 ml/ha	14.34
11	Duas pulverizações foliares de ciantraniliprole 10,26 OD	900 ml/ha	13.93
12	Controlo não tratado	-	3.11
	S.E.+		**0.44**
	C.D. a 5%		**1.28**
	CV%		**8.21**

Os valores entre parênteses são valores transformados Vx+0,5 DAS: Dias após a pulverização.

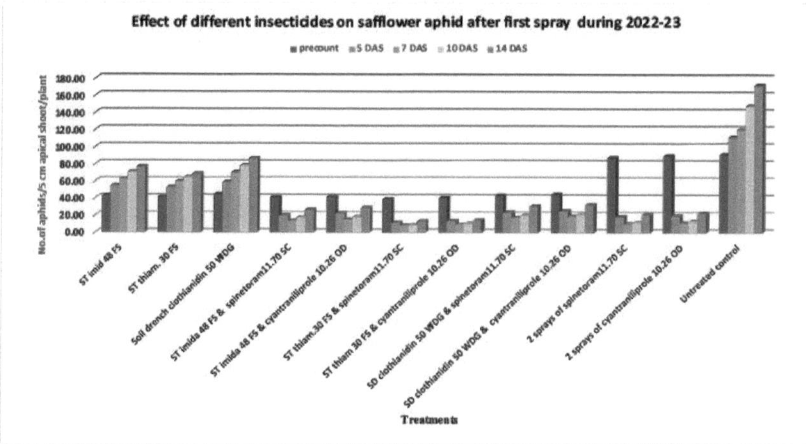

Fig.4.6: Efeito de diferentes insecticidas no pulgão do cártamo após a primeira pulverização em 2022-23

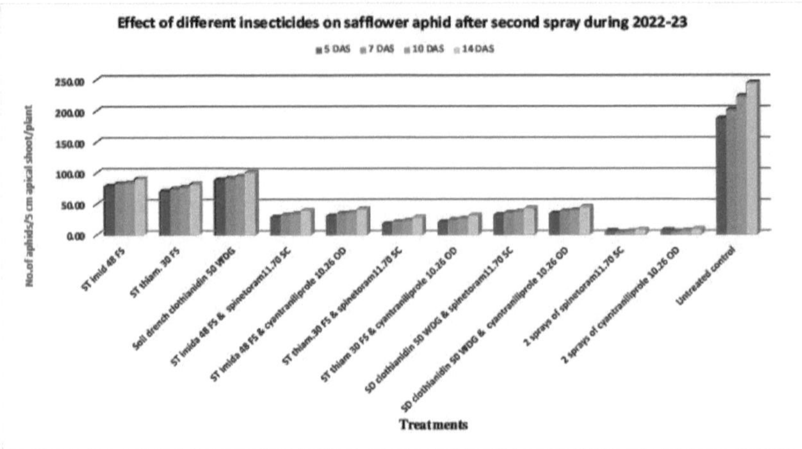

Fig.4.7: Efeito de diferentes insecticidas no pulgão do cártamo após a segunda pulverização em 2022-23

4.3 Comportamento de forrageamento dos polinizadores no cártamo

4.3.1 Visitação de vários polinizadores em diferentes horas do dia no cártamo (abelhas/m2/2hrs)

A visitação de vários polinizadores por metro quadrado por minuto em diferentes horas do dia no cártamo é apresentada no quadro 4.7 e representada graficamente na figura 4.8. Os dados do quadro 4.7 revelam que a intensidade de todas as espécies de abelhas melíferas aumenta gradualmente de manhã às 10-12 horas devido a condições climáticas favoráveis e diminui lentamente às 14-16 horas. Rakesh kumar *et al.* (1994) referiram que as abelhas melíferas eram os polinizadores mais abundantes, constituindo 97,00 por cento de todos os insectos visitantes. *A. mellifera* foi o polinizador mais importante (38,0 por cento) seguido por *A. dorsata* (35,2 por cento). O forrageamento das abelhas foi observado das 06:00 às 18:00 horas, com pico das 09:00 às 11:00 horas.

Os resultados obtidos durante a presente investigação estão em conformidade com Matre *et.al*, (2017) que relatou que, a visitação de vários polinizadores em diferentes horas do dia em cártamo (abelhas/ m2/ 2 horas). A visitação de vários polinizadores por metro quadrado por minuto em diferentes horas do dia no cártamo, a intensidade de todas as espécies de abelhas aumenta gradualmente e atinge seu pico das 10.00 às 14.00 horas e depois diminui lentamente.

4.3.2 Visitação de vários polinizadores na cultura do cártamo em diferentes períodos de floração (m^2 /min)

A visitação de *A. mellifera* para a polinização do cártamo foi significativamente mais elevada a 1st dia após a floração (4,75 abelhas/m^2 /min), o que foi encontrado a par com 7th dia após a floração (4,00 abelhas/m^2 /min). A visitação de *A. florea, A indica* e *Trigona* spp. também foi maior 1st dia após a floração (4,25, 3,50 e 3,00 abelhas/m^2 /min respetivamente). No caso de *A. dorsata*, a visitação máxima foi registada 1st dia após a floração (4,50 abelhas/m^2 /min), mas foi igualada 7th dias após a floração (3,75 abelhas/m^2 */min). Em A. dorsata, A. mellifera, A. florea* e *A indica,* a visitação mais baixa foi aos 21th dias após a floração (2,50, 2,25, 1,75 e 1,50 abelhas/m^2 /min). A visitação máxima de outros polinizadores foi registada a 1st dias após a floração (2,50 polinizadores/m^2 /min). e a visitação mais baixa foi a 21th dias após a floração (1,00 polinizadores/m /min). Os resultados obtidos durante a presente investigação estão em conformidade com Harke *et.al.* (2022) que relataram que a intensidade de visitas de abelhas no 1st dia após a floração (6,54 abelhas/m2 /min) foi consideravelmente maior do que todos os tratamentos, seguido pelos 7th e 14th dias após a floração (5,17 e 4,96 abelhas/m2 /min).

Tabela 4.7 Visitação de vários polinizadores em diferentes horas do dia no cártamo (abelhas/m2/2hrs)

N.º Sr.	Horas.	*A. indica*	*A.florea*	*A. mellifera*	*A. dorsata*	*Trigona sp.*	outros
1	08-10	3.56 (2.13)	4.5 (2.34)	5.5 (2.54)	4.8 (2.40)	2.6 (1.92)	1.68 (1.63)
2	10-12	4.43 (2.32)	5.8 (2.62)	6.3 (2.70)	5.8 (2.62)	3.58 (2.07)	2.75 (1.93)
3	12-14	1.43 (1.55)	1.6 (1.63)	2.62 (1.90)	2.6 (1.74)	1.3 (1.51)	0.93 (1.39)
4	14-16	0.75 (1.31)	1.1 (1.45)	1.31 (1.51)	1 (1.41)	0.68 (129)	0.56 (1.24)
5	16-18	1.87 (1.69)	2.6 (1.89)	3.1 (2.04)	3.6 (2.14)	1.68 (1.63)	1.11 (1.51)
	SE	**0.03**	**0.03**	**0.03**	**0.027**	**0.032**	**0.04**
	CD	**0.05**	**0.05**	**0.049**	**0.08**	**0.10**	**0.14**

Tabela 4.8 Visitação de vários polinizadores na cultura do cártamo em diferentes períodos de floração (m2/min)

Sr. Não.	DAF	*A. indica*	*A.florea*	*A. mellifera*	*A. dorsata*	*Trigona spp.*	outros
1	1st	3.50 (2.И)	4.25 (2.28)	4.75 (2.39)	4.50 (2.34)	3.00 (1.99)	2.5 (1.86)
2	y th	2.50 (1.86)	3.25 (2.05)	4 (2.23)	3.75 (2.17)	2.25 (179)	1.5 (1.56)
3	14th	2.0 (1-72)	2.66 (1.78)	3.25 (2.05)	3.0 (1.99)	1.75 (1.65)	1.25 (1.49)
4	21th	1.5 (1-57)	1.75 (1.64)	2.25 (179)	2.50 (1.86)	1.25 (1.49)	1.0 (1.41)
	SE	**0.09**	**0.10**	**0.08**	**0.07**	**0.04**	**0.06**
	CD	**0.31**	**0.35**	**0.25**	**0.25**	**0.15**	**0.22**

4.3.3. Efeito da temperatura e da humidade na visitação das abelhas na cultura do cártamo

Os efeitos da temperatura e da humidade na visitação das abelhas à cultura do cártamo são apresentados no Quadro 4.9. Os dados do quadro 4.9 revelam que a visitação máxima das abelhas foi registada em 04.02.2023, quando a temperatura máxima foi de 35,5^0 C e a humidade relativa máxima foi de 66%.

Harke *et.al.* (2022) relataram que o maior número de visitas de abelhas foi observado quando a temperatura máxima foi de 34,3 °C e a humidade estava na faixa de 67%. Os resultados mostram que a temperatura tem uma correlação positiva, ao passo que a humidade relativa tem uma correlação negativa com as visitas das abelhas.

Quadro 4.9 Efeito da temperatura e da humidade na visitação das abelhas na cultura do cártamo.

Sr. Não.	Observação data	Número de abelhas / m^2 / dia				Temperatura (oC)		Humidade (%)	
		A. indica	*A. mellifera*	*A. florea*	*A. dorsata*	Máximo.	Min.	AM	PM
1	27.01.2023	1.55	2.22	2.00	2.38	33.0	10.6	76	17
2	04.02.2023	3.72	5.05	4.16	4.61	35.5	11.5	66	14
3	11.02.2023	2.66	2.94	2.61	2.77	35.5	17.5	70	14
4	18.02.2023	1.94	3.11	2.27	2.66	35.0	17.6	70	13

4.3.4 Período de forrageamento das abelhas melíferas na cultura do cártamo

Os resultados actuais estão em conformidade com os relatórios de Shelar e Suryanarayana (1981), que afirmam que *A. florea* foi o principal inseto polinizador e que foi considerado mais eficiente do que *A. cerena* nos coentros. *Apis dorsata* não foi observada nos coentros. *A A. cerena* começou a procurar néctar entre as 08.20 e as 09.00 horas e pólen entre as 08.45 e as 09.15 horas e parou de procurar néctar entre as 16.00 e as 17.00 horas.

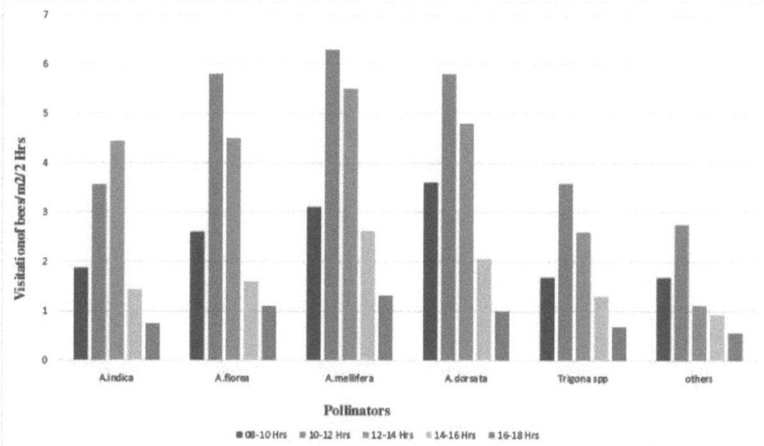

Figura 4.8 Visitação de polinizadores em diferentes horas do dia em *(Carthamus tinctorius* L.)

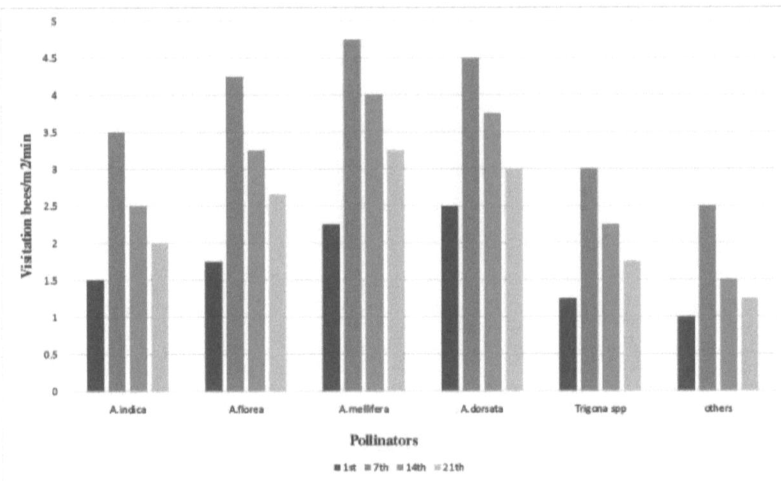

Figura 4.9 Visitação de vários polinizadores na cultura do cártamo em diferentes períodos de floração

Quadro 4.10 Período de forrageamento das abelhas melíferas na cultura do cártamo

O tempo de forrageamento mais elevado na recolha de pólen foi observado em *A. indica* (8,95 horas). O menor tempo de forrageamento na recolha de pólen foi observado em *Trigona spp* (6,30). O tempo de forrageamento mais elevado na recolha de néctar foi observado em *A. dorsata* (9,90 horas). Enquanto que o menor tempo de forrageamento na recolha de néctar foi observado em *Trigona spp* (8,0).

Sr. Não.	**Espécies de abelhas melíferas**	**Tempo de procura de alimentos**					
		Recolha de pólen			**Coleção Nectar**		
		Iniciação	**Cessação**	**Total (horas)**	**Iniciação**	**Cessação**	**Total (horas)**
1.	*A. indica*	7.55	16.50	8.95	7.45	17.05	9.60
2.	*A. mellifera*	8.30	16.30	8.00	8.00	17.15	9.15
3.	*A. florea*	8.45	16.25	7.80	8.05	17.50	9.45
4	*A. dorsata*	8.25	17.10	8.85	7.30	17.20	9.90
5.	*Trigona* spp.	9.25	15.55	6.30	8.50	16.50	8.00

Quadro 4.11 Número de flores visitadas por uma única abelha para recolha de pólen e néctar num minuto na cultura do cártamo

Sr.No.	Dados	Coletor de pólen/min	Coletor de néctar/min
1.	*A. indica*	4	3
2.	*A. mellifera*	3	2
3.	*A. florea*	8	7
4.	*A. dorsata*	6	5
5.	*Trigona* spp.	11	8

Gupta *et al.* (1984) afirmaram que as forrageadoras de néctar de *A. cerana indica* visitaram 17,5 e 25,0 flores por minuto de manhã e à tarde, enquanto que *A. mellifera* visitou 25,8 e 33,6 flores por minuto durante as mesmas horas em couve-flor.

Rakesh e Lenin (2000) também observaram que *A. dorsata* e *A. florea* gastavam 8,6 e 11,2 segundos por flor e visitavam 8,5 e 4 flores por minuto. Estes resultados estão de acordo com os resultados obtidos no presente estudo.

CAPÍTULO - V

RESUMO E CONCLUSÃO

CAPÍTULO V
RESUMO E CONCLUSÃO

"Estudos sobre triagem e manejo do pulgão do cártamo *Uroleucon compositae* (Theobald)" foram realizados durante 2022-23 na Estação de Pesquisa de Cártamo, Vasantrao Naik Marathwada Krishi Vidyapeeth, Parbhani, Índia. Os resultados obtidos durante o curso da investigação foram resumidos aqui.

5.1 Resumo

5.1.1 Seleção dos genótipos promissores de cártamo contra o afídeo *Uroleucon compositae* (Theobald)

Os dados apresentados na tabela 4.1 revelaram que a incidência de pulgões foi observada na faixa de 71,73 a 174,97 pulgões/5 cm de galho. Dos 14 acessos de germoplasma analisados, um acesso registou uma população de pulgões de 71,33 pulgões/5 cm de galho com AII 0,80. Este genótipo SSF-17-04 foi classificado como altamente resistente ao pulgão do cártamo. Dez acessos de germoplasma registaram uma população de pulgões de 91,01116,11 pulgões/5 cm no comprimento do rebento apical e AII variando de 1,46 a 1,73. Estes acessos viz., A-1, SAF-1335, GMU-1628, SAF-1224, SSF-714, SAF-1113, SAF-682, SSF-734, SSF-807 e SAF-13-40 foram classificados como genótipos resistentes aos afídeos do cártamo. Entre 14 acessos de germoplasma, dois acessos de germoplasma registaram uma população de pulgões de 128,49-135,92 pulgões/5 cm de galho com AII variando de 2,53 a 2,73. Estes acessos ANG 18-02 e SSF-1705 foram classificados como genótipos moderadamente resistentes ao pulgão do cártamo. O genótipo PBNH-194 foi classificado como genótipo altamente suscetível ao pulgão do cártamo. A população máxima de pulgões de 174,97 pulgões/5cm de galho com AII variando 4,4.

Entre os 14 genótipos, o genótipo SSF-1704 (82,77 cm) registou a maior altura de planta e o genótipo SAF-682 (44,49 cm) registou a menor altura de planta. Entre os 14 genótipos, o SAF-682 (70,51 g) teve o maior peso de 1000 sementes, seguido pelo SAF-1335 (69,37 g), SAF-734 (65,20 g). Estes genótipos foram encontrados a par uns dos outros. O menor peso de 1000 sementes foi observado em SSF-1705 (51.10 g). O rendimento médio de sementes (g/planta) varia de 1,62 gm a 7,0 gm. Entre os diferentes genótipos, o SSF-1704 (7,00 g/planta) teve o maior rendimento médio de sementes (g/planta). Entre os diferentes genótipos PBNH-194 (1,62 g/planta) teve a menor média de produção de sementes (g/planta).

5.1.2 Testar a bioeficácia dos insecticidas contra o pulgão do cártamo

Os resultados sobre a população média de pulgões por 5 cm de comprimento apical de rebento por planta revelaram que o tratamento com duas pulverizações foliares de espinetoram11.70 SC e duas pulverizações foliares de ciantraniliprole 10.26 OD foram considerados os tratamentos excelentes em relação aos restantes tratamentos e estavam ao mesmo nível. O tratamento de sementes com thiamethoxam 30 FS e uma pulverização foliar de spinetoram11.70 SC e o tratamento de sementes com thiamethoxam 30 FS e uma pulverização foliar de cyantraniliprole 10.26 OD foram os próximos melhores tratamentos por ordem de eficácia. Os tratamentos eficazes que se seguiram foram o tratamento de sementes com imidaclopride 48 FS e uma pulverização foliar de espinetorame 11,70

SC, o tratamento de sementes com imidaclopride 48 FS e uma pulverização foliar de ciantraniliprole 10,26 OD, a aplicação no solo de clotianidina 50 WDG e uma pulverização foliar de espinetorame 11,70 SC e a aplicação no solo de clotianidina 50 WDG e uma pulverização foliar de ciantraniliprole 10,26 OD, que foram iguais entre si, respetivamente. A população mais elevada de pulgões/5 cm de comprimento apical do rebento/planta foi registada num controlo não tratado.

5.1.3 Rendimento das sementes

A produção de sementes de cártamo variou em todas as parcelas de tratamento. Os tratamentos com duas pulverizações foliares de spinetoram11.70 SC e duas pulverizações foliares de cyantraniliprole 10.26 OD foram os tratamentos mais promissores que foram encontrados a par um do outro, respetivamente. Os próximos melhores tratamentos por ordem de eficácia foram o tratamento de sementes com thiamethoxam 30 FS e uma pulverização foliar de spinetoram11.70 SC e o tratamento de sementes com thiamethoxam 30 FS e uma pulverização foliar de cyantraniliprole 10.26 OD. A produção mínima de sementes foi registada num controlo não tratado.

5.1.4 Avaliar o comportamento de forrageamento dos polinizadores no cártamo (*Carthamus tinctorius* L)

Os dados da tabela 4.7 revelam que a intensidade de todas as espécies de abelhas melíferas aumenta gradualmente de manhã, às 1012 horas, devido a condições climáticas favoráveis, e diminui lentamente às 14-16 horas.

Visitação de vários polinizadores na cultura do cártamo em diferentes períodos de floração (m^2 /min). A visitação de *A. mellifera* para polinização do cártamo foi significativamente mais elevada a 1st dias após a floração (4,75 abelhas/m^2 /min), o que se verificou a par com 7th dias após a floração (4,00 abelhas/m^2 /min). A visitação de *A. florea, A indica* e *Trigona* spp. também foi maior 1st dias após a floração (4,25, 3,50 e 3,00 abelhas/m^2 /min respetivamente). No caso de *A. dorsata*, a visitação máxima ocorreu 1st dia após a floração (4,50 abelhas/m^2 /min), mas foi igual a 7th dias após a floração (3,75 abelhas/m^2 */min).* Em *A. dorsata, A. mellifera, A. florea* e *A indica,* a visitação mais baixa ocorreu 1st dia após a floração (2,50, 2,25, 1,75 e 1,50 abelhas/m^2 /min). A visitação máxima de outros polinizadores foi registada 1st dias após a floração (2,50 polinizadores/m^2 /min). e a visitação mais baixa foi registada 21th dias após a floração (1,00 polinizadores/m /min)

5.2 CONCLUSÃO

1. Entre os 14 genótipos avaliados com base no índice médio de infestação de pulgões, o SSF 1704 foi considerado altamente resistente; Resistentes - A-1, SAF-1335, GMU-1628, SAF-1224, SSF-714, SAF-1113, SAF-682, SSF-734, SSF-807 e SAF-13-40; Moderadamente resistentes - ANG 18-02 e SSF-1705 e Altamente suscetível PBNH-194.
2. A utilização de um novo inseticida, duas pulverizações foliares de espinetorame 11.70 SC e duas pulverizações foliares de ciantraniliprole 10.26 OD, revelaram-se os insecticidas mais promissores para a gestão da população de afídeos na cultura do cártamo e para obter o máximo rendimento de sementes de cártamo, de modo a obter o máximo de benefícios económicos.
3. Visitação de vários polinizadores em diferentes horas do dia no cártamo (abelhas/m2/2hrs). A

intensidade de todas as espécies de abelhas melíferas aumenta gradualmente de manhã às 10-12 horas devido a condições climáticas favoráveis e diminui lentamente às 14-16 horas.

4. Visitação de vários polinizadores na cultura do cártamo em diferentes períodos de floração (m^2 /min). A visitação de *A. mellifera, A. florea, A indica, A. dorsata* e *Trigona spp.* para polinização do cártamo foi mais elevada aos 1st dias após a floração e diminuiu na maturidade da floração.

LITERATURA CITADA

LITERATURA CITADA

Adebayo, A. e Omoloye, Paul A. Akinsola. (2006). Fonte de alimentação e efeitos de variáveis selecionadas de carácter e meteorológicas na intensidade de visita das abelhas *A. mellifera adansonii* (Hymenoptera: Apidae) no sudoeste da Nigéria. *J. Apicul. Sci.*, 50 (1): 39-48.

Akashe, V.B.; Datkhile, R.V.; Patil, R.C.; Shende V.D. e Deokar, C.D. (1993). Seleção no terreno de entradas de cártamo contra o afídeo. *J. Maharashtra Agric. Univ.*, 18 (2): 268-69.

Akashe, V. B., C. D. Deokar, M. W. Patil & M. R. Shewale. (1995). Incidência sazonal do afídeo (Uroleucon compositae) no cártamo. *Madras Agric J.*, 82(3): 232-233

Akashe, V. B., Makar, P. V., Hegde, D. M. & Mehtre, S. P. (1997). Identificação de fontes de resistência ao pulgão do cártamo. *J. Oilseeds Res.*, 14(2): 284-287.

Akashe, V. B., Gud, M. A., Shinde, S. K. & Deshpande, A. N. (2009). Eficácia de produtos botânicos para o controlo do pulgão do cártamo (*Uroleucon compositae* T.). *Int. J. Agric. Sci.5* (2):482-484.

Akashe, V. B., Gud M. A., Shinde S.K. & Kadam J. R. (2013). Biodiversidade de insetos-praga do pulgão do cártamo e seus inimigos naturais em Maharashtra (Índia). *Bioinfolet-A Quarterly Journal of Life Sciences* 10(4b), 1389-1392.

Akashe, V. B., Murumkar, D. R., Gud., M. A. e Shinde S. K. (2014) Avaliação de genótipos de cártamo para resistências múltiplas a pragas e doenças de insectos. *Bioinfolet A Quarterly Journal of Life Scdences* 11: 892-896.

Balakrishanan, R., Rao, K. V., Dathkhile, R. V. & Patil, R. C. (1994). Avaliação de colecções de germoplasma de cártamo na Índia para caracteres morfológicos e sua associação com a reação à infestação de afídeos. *J. Oilseeds Res.*, 11(2): 229-236.

Balikai R.A. (2000). Rastreio de acessos de germoplasma de cártamo ao afídeo, (*Uroleucon compositae* (T). *Agric. Sci. Digest,* 20 (2) : 120-121.

Balikai,R.A.,(2001). Avaliação de cultivares promissoras de cártamo para resistência ao pulgão (*Uroleucon compositae* (T). *Agricultural Science Digest*, 2000.(20):39-41.

Basavangaud, K., (1979). Estimativa da perda de colheitas de cártamo devido ao pulgão Dactynotus compositae (Theobald) e reação das variedades e insecticidas ao mesmo. *Tese de Mestrado (Agri), Univ. Agril, Sci., Banglore Pp* .80.5(4);9-12.

Basavangoud, K., K.A. Kulkarni & T. S. Thontadarya (1980). Reação varietal do cártamo ao afídeo *Dactynotus compositae* (Theobald) e diferença nos constituintes bioquímicos das variedades resistentes e susceptíveis. *Mysore J. Agric. Sci.*, 14 (4): 512-515.

Basawana, K. S. (1982). Papel dos insectos polinizadores na produção de sementes em coentros e funcho. *South Indian Hort.*, 56:117-118.

Bella, S.L.; Tuttolomondo, T.; Lazzeri, L.; Matteo, R.; Leto, C.; Licata, M. (2019) Uma avaliação agronómica do novo germoplasma de cártamo (Carthamus tinctorius L.) para o rendimento de sementes e óleo em condições climáticas mediterrânicas. *Agronomia* 9(8): 468.

Boch, R., (1961). Honeybee activity on safflower (*Cartharnus tinctorius* L.) *Canadian Journal of Plant Science,* 41.

Chaithanya, P.; Srinivas P.S. And Saxena A.K.(2019) Identificação de fontes de resistência contra o pulgão, Uroleucon compositae (Theobald) em cártamo. *J. Oilseeds Res.*, 36(3) : 199-202.

Devkota, F. R., e Thapa, R. B., (2005). Foraging preference of A. cerana F. and A. mellifera L., to broccoli under caged and open conditions in chitwan. *J. Inst. agric. Anim. Sci.,* 26: 167-168.

Dhaliwal, H. S. e Sharma, P. L., (1974). Foraging range of the Indian honeybee. *Journal of Apicultural Reseasch,* 13(2): 137-141.

Gaikwad, B.B., Shetgar, S. S., Bhosle, B. B., Dongarjal, R.P. & Sul. N. T. (2014). Bioeficácia de diferentes insecticidas contra pulgões de cártamo (Uroleucon compositae Theobald). *J. of Ent. Res.*, 38(1):41-44.

Ganapathi, K., (2005). Impacto dos atractores de abelhas na atividade das abelhas e nos parâmetros de rendimento do algodão Bt. *Tese de Mestrado (Agri.), Uni. Agric. Sci. Dharwad (Índia).*

Gangurde S., Neharkar P. e Bantewad P. (2022) Bio-eficácia de novos insecticidas para o controlo do pulgão do cártamo. *The Pharma journal.com seed* (65.04) 8-10.

Ghorpade, S.A., N.M. Patil, S.G. Thakur e Y.M. Shinde. (1994). Controlo de afídeos e Helicoverpa armigera no cártamo. *J. Maharashtra Agric. Univ.,* 19 (2): 206-08.

Gore, B.B., Suraywanshi. D. S., & Shirale, D. K. (2010). Bioeficácia de uma nova molécula inseticida contra o pulgão do cártamo (*Uroleucon compositae* Theobald). *Karnataka J. Agric. Sci.,* 23 (1): 99-100.

Gowda, J., Bhat, N. S. e Kusuma, B. K., (2005). Role of honeybee pollination on seed yield and quality parameters of sunflower parental lines. *Indian Bee J.,* 67(1&2): 6-14.

Gulijar, I. & Jirair, C. (2015). Triagem de acessos de germoplasma de cártamo para resistência contra o pulgão do cártamo. Journal of Agronomy, 8 (1): 53-55.

Gulijar, I. & Jirair, C. (2016). Variação genética de um germoplasma de cártamo cultivado em terras secas frias de sequeiro. *Journal of Agronomy*, 8 (1): 53-55.

Guljar I Dambal e Rajesh S P (2016). Triagem de acessos de germoplasma de cártamo para resistência contra o pulgão de cártamo *Uroleucon compositae* (Theobald). *Revista de Investigação em Ciências Agrárias,* 7(1): 128-130.

Gupta, J. K., Mishra, R. C. e Kumar, J. (1984). Plentramtus como forragem para *A.cerana indica* F. e *A.mellifera* L. *Apidologie*, 15(1): 75-82.\

Gurunath, M.B. e Balikai, R.A. (2018). Reação varietal e base bioquímica de resistência em cártamo contra pulgão, Uroleucon compositae. *Jornal de Estudos de Entomologia e Zoologia* .2018; 6(6): 953-956

Hanumantharaya, L., Balikai, R. A., Mallapur, C. P., Venketeshalu & Kumar, C. J. (2007). *Estratégias de gestão integrada de pragas contra o pulgão do cártamo. 7ª Conferência Internacional do Cártamo 2007.*

Harke G., Neharkar P. e Zanwar P. (2021) Intensidade das visitas das abelhas durante o período de pico no cártamo. *The pharma Innovation Journal ;*10 (8) 1572-1573.

Harke G., Neharkar P. e Zanwar P. (2022) Efeito do inseticida em espécies domesticadas de abelhas. *The pharma Innovation Journal* ;11(9) 968-971.

Harke G., Neharkar P. e Zanwar P. (2022) Efeito da temperatura e da humidade nas visitas das abelhas na cultura do cártamo. *The pharma Innovation Journal* ;11(9) 968-971.

Henning, J.A., Ying-Shin Peng, Montague, M.A. e Teuber, L.R., (1992). Resposta comportamental da abelha melífera (Hymenoptera: Apidae) aos voláteis florais primários da alfafa. *J. Econ. Ent.,* 85: 233-239.

Hill, A.B. e P.F. Knowles. (1968). Fatty acid composition of the oil of developing seeds of different varieties of safflower (Composição de ácidos gordos do óleo de sementes em desenvolvimento de diferentes variedades de cártamo). *Crop Sci.* 8:275-277.

Jeevan kamal, K. (2002). Determinação do limiar económico e gestão do afídeo, *Uroleucon compositae* Theobald, no cártamo. *(Tese de Mestrado). M.A.U., Parbhani (M.S) Índia.*

Jemimah, N., Rao S. R. K., Babu T. Ramesh & Reddy D. Raja Ram. (2013). Bioeficácia de um novo inseticida contra o pulgão do cártamo (*Uroleucon compositae)* Theobald. *Indian J. Pl. Protec.* 41 (1): 30 -32.

Kakar, K. L., (1981). Foraging behaviour of insect pollinators of cauliflower bloom. *Indian J. Ecol.*, 8(1): 126-130.

Khoshnoud, A & Jirair, C. (2005). Variação genética de um germoplasma de cártamo cultivado em terras frias de sequeiro. *Journal of Agronomy.*5(1): 50-52

Krishna, K. V., Prashanth, Y. e Yogeeswarudu, B., (2014). Eficiência de polinização das abelhas em girassol (*Helianthus annuus*), *Ann. Pl. Protec. Sci.,* 23 (1): 5558.

Kumar, M. A., Singh, P. K. e Singh. J., (2005). Calendário floral para a criação de abelhas em Bichpuri, Agra. *Indian Bee J.*, 63(3 & 4): 156-160.

Kumar, M., Singh, R. e Chand, H., (2002). Foraging activity of *Apis cerana indica* and *Apis mellifera* visiting sunflower (*Helianthus annuus* L.). *Shashpa*, 9(1): 31-34.

Kumar, Chaudhary, O. P. e Lenine, L. K., (1994). Estudos sobre o comportamento de forrageamento das abelhas melíferas e o seu papel como polinizadores do girassol (*Helianthus annus* L.). *Indian Bee J.*, 56: 207-210.

Kumari, A. e Pandey, A. K., (2005). Pollination mechanism and behaviour of pollinators in safflower (*Carthamus tinctorius* L.). *J. Ind. Bot. Soc.,* 84: 57 -61.

Kumbhar S.C. (2018). Incidência sazonal e gestão química de pulgões de cártamo *(Uroleucon compositae* Theobald.) *(Tese de Mestrado).* Vasantrao Naik Marathwada Krishi Vidyapeeth, Parbhani.

Mallapur C.P., Parameshwarappa K. G., Kulkarni M.S., Hulihalli U.K., Kubsad V.S. e Gulaganji, G.G. (1997). Pest scenario of safflower in the dry tract Karnataka. *Journal of Oil Seed Research,* 19:300-303.

Mallapur, C.P, Hulihalli, U.K. & Kubsad, V.S. (2001). Gestão do pulgão do cártamo através de insecticidas. *Karnataka J. Agric. Sci.*, 14(2):321-325.

Mane, P. N., Rathod, P. K., Balode, K. L., Deshmukh, S. N. & Sarab, P. A. (2012). Tolerância relativa do pulgão do cártamo (*Uroleucon compositae* Theobald). *J. Oilseed Res. Agril Sci.,* 14 (2): 485- 486.

Mane, P.O., S.N. Kulkarni & M.P. Badgujar. (2001). Seleção de variedades de cártamo para resistência ao afídeo. *J. of Soils and Crops*. 2001; 11 (2): 278-280.

Manhare J., Painkra K. e Bhagat P. (2017) Foraging activity of Indian honey bee on buckwheat flowers. *Journal of plant development science 9 (8) 823-828.*

Manjunatha, K., (2003). Avaliação à escala do campo de atractivos para abelhas quanto à sua eficácia no girassol. *Tese de Mestrado (Agri.),* Uni. Agric. Sci. Dharwad (Índia).

Matre Y., Latpate C. e Tukaram M. (2017) Comportamento de forrageamento de espécies de abelhas melíferas em cártamo. *Bull. Env. Farmacologia. Ciência da vida Vol.* (2); 146-150.

McGregor, S.E. (1976). Insect pollination of cultivated crop plants (Polinização por insectos de plantas cultivadas). Agriculture Handbook No. 496. *Serviço de Investigação Agrícola do USDA.*

More P., Zanwar P. e Patel H. (2022) Effect of safflower aphid on 20 different safflower germplasms for biometric observations. *The Pharma Innovation Journal* 12 (1) 1450-1451.

Murasing, S. e Viraktamath, S., (2002). Role of bee attractants in pollination and productivity of mustard (*Brassica juncea* L.). *Actas da 6ª Conferência Internacional da Associação Asiática de Apicultura (AAA) e da World APIEXPO,* 24 de fevereiro a 1 de março de 2002, Bangalore, p.78.

Murumkar, D. R., Indi, D. V., Akashe , V. B., Patil, A. J. & Gud, M. A. (2009). Fontes de resistência múltipla contra as principais doenças e pragas do cártamo (*Carthamus tinctorious* L.). *J. Oilseed Res* (2): 175-176.

Mutkule, D.S.; N. E. Jayewar; Bhamare V. K. e Kumbhar S.C. (2018). Avaliação de genótipos de cártamo para sua reação ao pulgão de cártamo *Uroleucon compositae. Revista Internacional de Microbiologia Atual e Ciências Aplicadas* 6(6) 626629.

Navatha, L., Sreedevi, K. e Naidu, M. V. S., (2014). Ecologia de forrageamento de polinizadores de insetos no ecossistema de cártamo (*Carthamus tinctorius* L.). *Ann. Pl. Protec. Sci.,* 22(2): 313-316.

Neharkar P.S. D.S. Suryawanshi & Zanwar P.R. (2003). Efeitos dos insecticidas no afídeo e nas caraterísticas das plantas de cártamo. *J. Maharashtra agric. Univ.,* 28(1): 60-61.

Nimbkar, N., (2002). safflower rediscovered.Times Agric J.2:32-36.

Panathula Chaithanya, Srinivas, P. S. & Saxena, A.K. (2019). Identificação de fontes de resistência contra o pulgão, *Uroleucon compositae* (Theobald) em cártamo. *J. Oilseeds Res.,* 36(3): 199-202.

Panchabhavi, K. S. e Jairao, K., (1978). Nota sobre o efeito da cultura mista de niger sobre as actividades dos insectos polinizadores e o enchimento de sementes de girassol em Karnataka. *Indian Journal of Agriculture Science*, 48: 254-255.

Panda, P., Nanda, U.K., Mohapatra, H. e Padhi, J., (1989). Insect pollination in some oilseed crops in Orissa, India. *Indian Bee Journal*, 51(3): 97-98.

Panda, P., Panda, B. e Sontakke, B.K., (1991). Foraging behaviour of honey bees on sunflower

(*Helianthus annus* L.) semeado em diferentes datas. *Indian Bee Journal*, 53 (1-4): 44-49.

Parlekar, G.Y. (1997). *Rastreio da resistência do pulgão (Uroleucon compositae) no cártamo e gestão das pragas. (Dissertação de doutoramento)*. M.P.K.V., Rahuri (M.S.) Índia.

Parlekar. G. Y. (1987). Pest of safflower. ICAR New Delhi, pp. 155.

Patel, L., (1988). Efeito da polinização da abelha *Apis cerana indica* F. no rendimento do niger e no seu teor de óleo. *Tese de Mestrado (Ag.), O.U.A. T.*, Bhubneswar, Orissa.

Patil V., Patel R e Gurav S. (2018) Bioeficácia de vários insecticidas contra o tripes da malagueta *Revista Internacional de Química* 6(1) 313-316.

Patil, J. S., Mokat, R. B., Kamate, G. S. e Mupade, R.V., (2010). Estudos sobre a influência de atractores de abelhas na visão de *Apis dorsata* e *Trigona* sp. sobre a cebola (*Allium cepa* L.). *Revista Internacional de Proteção de Plantas,* 3(2): 174-178.

Patil, M. C. e Sattagi, H.N., (2007). Abundância de diferentes insectos polinizadores que visitam o pepino *(Cucumis sativus* L.) na estação *rabi. Karnataka J. Agric. Sci.*, 20(4): 853-854.

Patil, S.; Bhavsar, V. V. e Deokar S. (2019) Análise de correlação e caminho para diferentes caraterísticas no germoplasma do niger (*Guizotia abyssinica* (L.f) Cass). *Int. J. Curr. Microbiol. App. Sci.* 8(8): 2577-2583.

Prakash, K. B., (2002). Potencialidade de polinização da abelha indiana *Apis cerana* na produção de pepino (*Cucumis sativus*). Tese de Mestrado (Agri.), UAS, Bangalore.

Puskadija, Z., Stefanic, E., Mijic, A., Zdunic, Z., Paradzikovic N., Florijancic T. e Opacak, A., (2007). Influência das condições climatéricas nas visitas das abelhas (*Apis mellifera*) durante o período de floração do girassol (*Helianthus annuus* L.). *Artigo científico original.*

Rajput, S.; Rustamani, M.A.; haider ,S.A.; Khanzada ,M.S.; Khanzada ,S.R.;Anwar ,S.; jan K.S.; e Badshah H. (2013). Resistência relativa de cultivares de cártamo contra o pulgão preto, *Uroleucon compositae* (theobald). *Sarhad Journal of Agriculture* 29(1).

Rakesh Kumar e Lenine, L. K., (2000). Insectos polinizadores e efeitos da polinização cruzada nos atributos de rendimento do sésamo (*Sesame indicum*). *Indian Bee J.*, 62(1-2): 75-80.

Saeidi, K. (2020). Resistência das plantas ao pulgão do cártamo, *Uroleucon carthami* (Theobald) (Homoptera: Aphididae) em genótipos de cártamo. *Munis Entomologia & Zoologia*, 15 (1): 189- 196

Sharma, H.C. & Ortiz, R. (2002). Resistência das plantas hospedeiras aos insectos: uma abordagem ecológica para a gestão das pragas e a conservação do ambiente. *J. environ. Biol.,* 23:111-135

Shelar, G. D. e Suryanarayana, C. M. (1981). Preliminary studies on pollination of coriander. *Indian Bee J.*, 43: 110-111.

Shirale Dattatray (2010). Eficácia de novas moléculas insecticidas contra o pulgão do cártamo, *Uroleucon compositae* (Theobald). *Karnataka. J. Agric. Sci.* 23(1): (99- 100) 2010.

Singh V. (2008). Triagem de acessos de germoplasma de cártamo para resistência contra o pulgão do cártamo (*Uroleucon compositae Theobald).7th Conferência internacional de cártamo, Federação*

Australiana de Sementes Oleaginosas, Wagga Wagga, Austrália.

Singh, V., Prasad Y.G., & Laxminarayana M., (1999). Insectos pragas do cártamo e sua gestão. In: IPM System in Agriculture, Vol.5 Oilseeds. (Eds. Upadhyay R. K., Mukherjee K.G., Rajak R.L.). *Aditya Books Pvt. Ltd., Nova Deli, Índia, pp.*552.

Singh, V., Prasad, Y.G e Narayana, M.L. (1996). Bioecologia de pragas de insectos do cártamo e suas estratégias de gestão.R.K. *Aditya Book Publication, Private Limited, New Delhi*, 194-227.

Sinha, S. N. e Chakrabarti, A. K., (1985). Studies on pollination by honey bees on early cauliflower and its effect on seed yield and quality. *Seed Res.*, 13(1): 115-119.

O Times Agriculture Journal, Nimbkar Agricultural Research Institute (NARI), Phaltan, Maharashtra (2021-2022) forneceu dados estatísticos sobre a produção e a produtividade do pulgão do cártamo.

Uma e Verma, L. R., (1994). Pollination of radish by *Apis cerana International Centre for Integrated Mountain Development (lCIMOD), GPO, Box* 3226, Kathmandu, Nepal.

Vaani M.N, S.S. Udikari & S.S. Karabhantanal (2016). Bioeficácia, rendimento e impacto económico da proteção da praga do pulgão *Uroleucon compositae* (Theobald) no cártamo através de insecticidas selecionados e bioracionais. *Res. Environ. Life Sci.* 9(7) 826-829.

Verma, S. K. e Phogat, K. P. S., (1994). Impacto da polinização por abelhas melíferas *(Apis cerana indica* F.) no rendimento de grãos de rabanete em condições de vale nas colinas dos Himalaias de H.P. *Indian Bee J.,* 56(3-4):183-

Viraktamath, S. e Patil, R. K. (2002). Efeito da polinização por abelhas na maximização da produtividade do girassol. *Actas* da *6ª Conferência Internacional da Associação Asiática de Apicultura (AAA) e* da *APIXO Mundial,* 24 de fevereiro a 1 de março, Bangalore, p.62.

Williams, I. H., Pickett, J. A. e Martin, A. P., (1981). A feromona nasonov da abelha *Apis mellifera* L. (Hymenoptera: Apidae) Parte II. Bio-ensaio dos componentes utilizando forrageadoras. *J. Chem. Ecol.,* 7:

Yadav S. e painkra G. (2020) Comportamento de forrageamento das abelhas das rochas no ecossistema da mostarda. *AICRP sobre a abelha melífera.*

APÊNDICE

APÊNDICE

DADOS METEOROLÓGICOS SEMANAIS REGISTADOS DURANTE A ÉPOCA EXPERIMENTAL NA CENTRAL DE METEOROLOGIA OBSERVATÓRIO PARBHANI 2022-23

Dados meteorológicos semanais 2022

Semana	RF	Temperatura (°C)		Humidade (%)		EVP (mm)	BSS (Hrs.)	WS (Km/ph)
		Máximo	Mínimo	RH1	RH2			
47	0.0	31.6	16.2	83.3	41.6	4.1	8.0	2.6
48	0.0	29.9	15.5	80.6	42.7	4.6	6.7	4.7
49	0.0	31.1	9.0	86.1	25.4	4.9	9.4	2.8
50	0.0	30.2	15.3	82.7	37.9	4.0	6.9	2.8
51	0.0	28.5	9.0	89.4	33.1	3.9	8.2	2.9
52	0.0	29.0	10.3	87.8	34.4	4.1	8.0	2.5

Dados meteorológicos semanais 2023

Semana	RF	Temperatura (°C)		Humidade (%)		EVP (mm)	BSS (Hrs.)	WS (Km/ph)
		M ax	Mínimo	RH 1	RH2			
1	0.0	28.8	15.4	88	51	3.7	4.3	3.8
2	0.0	31.0	15.3	90	40	4.4	6.3	3.5
3	0.0	31.2	15.1	82	35	4.4	7.6	3.1
4	0.0	31.7	13.6	83	34	4.3	8.2	2.5
5	0.0	30.3	12.9	78	29	5.2	7.4	3.4
6	0.0	30.2	11.3	66	20	5.9	9.4	3.0
7	1.8	32.4	14.3	76	24	5.6	8.7	2.8
8	14.5	30.3	13.0	93	40	4.5	7.7	3.4
9	0.0	31.8	13.6	59	12	6.3	8.0	2.6
10	0.0	36.6	16.6	61	14	7.1	9.3	2.6
11	0.0	36.8	16.8	60	21	7.5	9.0	3.0
12	14.3	34.9	20.1	74	28	6.9	7.0	5.0
13	0.0	39.3	16.0	57	12	9.1	9.2	3.3
14	0.0	39.4	19.2	48	11	10.1	9.2	3.8
15	0.0	36.3	20.5	63	25	7.0	5.5	4.4
16	0.0	39.5	19.9	51	13	9.6	9.2	3.5

CURRICULUM VITAE

MIX
Papier aus verantwortungsvollen Quellen
Paper from responsible sources
FSC® C105338

Printed by Books on Demand GmbH, Norderstedt / Germany